上海校园文化传承创新发展行动计划——中国风丛书出版项目资助

华夏服饰文明故事

中华服饰文化系列
「中国风」

张竞琼　曹康乐 编著

東华大学出版社·上海

内 容 提 要

　　本书以璀璨浩瀚的中国服装史为蓝本,从中选取了部分经典服装形制、服装风俗、服装言论、服装变革予以梳理与解读,尤其重点记录了其中一些富有戏剧性的人和事,试图通过一个别致有趣的视点来观照中国服装的演变历程。本书可作为服装爱好者、相关专业师生的参考读物以及中小学生的课外读物。

图书在版编目（ＣＩＰ）数据

华夏服饰文明故事 / 张竞琼,曹康乐编著.
—上海:东华大学出版社,2014.10
ISBN 978-7-5669-0630-4

Ⅰ.①华… Ⅱ.①张… ②曹… Ⅲ.①服饰—历史—中国—普及读物 Ⅳ.①TS941.742-49

中国版本图书馆CIP数据核字(2014)第230984号

中 国 风:中华服饰文化系列
责任编辑:杜亚玲
封面设计:戚亮轩

华夏服饰文明故事

HUAXIA FUSHI WENMING GUSHI

张竞琼　曹康乐　编著

出　　版:东华大学出版社(上海市延安西路1882号,200051)
网　　址:http://www.dhupress.net
天猫旗舰店:http://dhdx.tmall.com
营销中心:021-62193056　62373056　62379558
印　　刷:深圳市彩之欣印刷有限公司
开　　本:710mm×1000mm　1/16　印张:8.5
字　　数:213千字
版　　次:2014年10月第1版
印　　次:2014年10月第1次印刷
书　　号:ISBN 978-7-5669-0630-4/TS・543
定　　价:34.00元

目录 | CONTENTS

◀卷首：从第一枚缝衣针说起

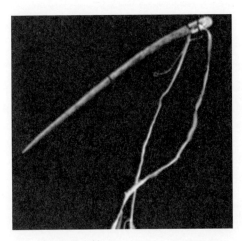

图1　第一枚缝衣针

1930年在北京房山县周口店，发现了作为晚期智人的山顶洞人遗址。其中有一枚被认定为一万八千年前的骨针，长8.2厘米，最细处直径0.33厘米，针身圆滑而略弯，针尖锐利，尾端有直径0.3厘米的针眼（图1）。专家推测，此针需经切割、刮削、打磨与挖孔等多道工序精制而成，是我国历史上最早的缝纫工具。令人自豪的是，论工艺要比欧洲文明同时期的发现高超许多。这枚骨针现藏于中国历史博物馆，是表明山顶洞人已经掌握骨针编织与缝纫技术的实证。

我们可以推测，大概在一万八千年前的某一天，一群山顶洞人用砍砸器（即石块）围捕到一头鹿。回到巢穴后剥皮吃肉，然后女性山顶洞人用刮削器（即锋利的石块）刮去依附在鹿皮上的脂肪，用牙齿将皮咬软（为什么干这活的是女性呢？因为围捕狩猎的是男性），再用裁断器（更锋利的石块）将皮分割成她们所需的形状，最后把分割后的皮用这枚骨针缝制起来⋯⋯

河南省博物院、山西丁村民俗博物馆、西安半坡博物馆都藏有更早时期的旧石器——约五万至十万年前的人们所使用过的砍砸器与刮削器等，由于这些工具是打制而成，故相对于后世精致的磨制石器而被称为打制石器或旧石器。专家们设想当时的人们用这些石器去狩猎，然后"食其肉、寝其皮"。其中，砍砸器发挥的是"武器"的作用，刮削器发挥的是"工具"的作用。由于没有发现可以裁断毛皮的工具，因此可以推测此时的原始居民的皮衣是整幅的、未经切割的、随机形状的（可以理解为如果在狩猎的过程中砍断了鹿腿,那么这就是一块三条腿的鹿皮衣)。著名考古学家宋兆麟亦举例说明:"在贵州和云南北部彝族地区有一种羊皮袄,是由一张整皮做的,保留了羊的外形……这是远古披兽皮的遗风。"

后来在原始居民的劳动工具中发现了裁断器,即较为锋利的石头,专家们推测这是用来切割毛皮的,从而可以获得更加符合原始居民主观愿望的形状。几乎与此同时还发现了他们的无孔针,即没有针眼的骨针,这就可以回答一个天真的孩童对"铁杵磨成针"的传说的质疑——针眼怎么磨?无需磨,因为本来就没有针眼。

这种"妇人不织""衣毛而帽皮"的状态是建立在"禽兽之皮足也"的前提之下的。但是好景不长,人们很快就进入到"禽兽之皮不足"的状态,人们必须思考服装材料如何变革的问题。思考的结果就是试图从植物中寻求新材料。

前文所提到的山顶洞人的骨针以及后来西安半坡氏族遗址的骨针应该都是这次思考的成果之一。半坡遗址出土了两百多枚骨针,最长的超过16厘米,最细的直径不到0.2厘米,针眼直径约0.05厘米,这些数据一方面表明了钻孔技术的高超,另一方面表明了其牵引的"线"可能是仔细劈分过的植物纤维捻合的股线。之所以会产生的这样的成就,是因为新石器时代的人们在进行广泛植物采集与原始农耕的过程中,与植物打交道越来越多,对于植物的使用越来越有心得,于是掌握了植物纤维的编织与纺织技术,从而开始了"去皮服布"的历史。

从服装的结构来看,服装发端的过程是一个"整"——"分"——"整"的过程。第一步"整",是指出现裁断器具之前的不规则的随机形状的整块兽皮形态;第二步"分",是指裁断器具与无孔针出现后,人们能够把整幅兽皮进行拆分;第三步"整",是指有孔针出现后,人们可以相对自由地进行缝纫与连缀工作,使服装更加符合他们的需要与主观意志。整个过程就是一个对服装这个对象的掌控越来越细致的过程,就是一个越来越能够体现人的主观意志的过程。这个过程与这种行为具备了初步"设计"的意识。

从服装的材料来看,服装发端的过程又是一个由"动物材料"逐渐向"植物材料"转化的过程。因为起初"人寡而禽兽众",后来"人众而禽兽寡",所以起初"妇人不织"发展到后来"男耕女织"。但这不仅是一个被动地满足自身物质与生理需要的过程,同时也还是不断探索、开拓与利用自然的过程。人们从自然界中不断开发与吸取新的养料,用于自己的生活,当然也包括用于自己的着装。所以今天的专家认为,服装材料的这个变革是人类由愚昧迈向文明的标志之一。与"黄帝始去皮服布"的记录完全一致,中国文明史的上下五千年恰好就是从这里开始算起的。

第一章
先秦服饰

一、"华夏"释义

"华夏"一词最早见于周朝《尚书·周书·武成》,现被用作中国和汉族的代称。但是"华夏"从什么时候开始以及如何形成的呢?

古时候,黄河流域一带的先民便自称"华夏",或简称"华""夏"。《尚书》《左传》有:"以服事诸夏""楚失华夏""裔不谋夏,夷不乱华"。这说明我国人民从古代起,就自称"诸夏"、"华夏",或单称"夏"或"华"。到春秋战国以后,"华夏"就成了我们种族的名称。"华夏"所指即为中原诸侯,也是汉族前身的称谓,所以"华夏"至今仍为中国的别称。

那么,华夏族是怎样形成的呢?

我国秦汉时期所说的中国人,在古代实际上来源于三大民族集团——华夏、东夷、南蛮。其中东夷氏族的代表人物是太昊氏。传说中的黄帝与诸侯中最粗暴的蚩尤战于涿鹿,也就是著名的涿鹿之战,并且擒杀了蚩尤,这蚩尤就属于东夷集团。东夷集团所居住的地域,北至山东北部,西至河南东部,西南至河南的极南部,南至安徽的中部,东至海;南蛮集团的代表人物是伏羲与女娲。这一集团的地域以湖北、湖南、江西等地为中心。而华夏集团的代表,一个叫炎帝,一个叫黄帝。炎帝神农氏没落时期,黄帝轩辕氏"惯用干戈,以征不享",经过阪泉之战和涿鹿之战后,《史记》说黄帝"东至于海,登丸山,及岱宗。西至于空桐,登鸡头。南至于江,登熊湘。北逐荤粥,合符釜山,而邑于涿鹿之阿。"就是说黄帝征服了炎帝以及其他一些部落,势力东达渤海,西至甘肃,南到长江,北到幽陵,并在今河北省涿鹿县建了"帝都",形成了一个势力强大、相对稳定的早期"国家",兼并、融合、统一了中原地区的诸多民族,形成了华夏族主体。华夏集团发祥于今陕西省的黄土高原上,在有史以前已经渐渐地顺着黄河两岸散布于中国的北方及中部的一些地方。因黄帝为我中华民族历史文化的渊祖,所以直到今天位于陕西的黄帝陵仍是炎黄子孙谒陵纪念、寻根祭祖的地方。

《左传》云:"冕服彩章曰华,大国曰夏。"华,是为"章服之美"也;夏,是为"礼仪之大"也。华夏文明的两个核心就是衣冠和制度,华就是指美丽的衣冠,夏就是完善的制度。《尚书·武成》说:"华夏蛮貊,罔不率俾;"又云:"夏,大也。故大国曰夏。华夏谓中国也。"三国魏曹植所著《曹子建集》说:"威慑万乘,华夏称雄。"即是说"华夏"意味着美好、繁荣的中原地区繁衍着强大的国家和民族(图1-1-1)。

"华夏"是汉族的前身。华夏族认为中原居四方之中,故把居住的地方称为中华。华夏、中华,初指我国中原地区,后来包举我国全部领土而言——凡所统辖,皆称"华夏"或"中华",亦称"中国"。而中华民族则是我国各民族的统称,它既是血统概念,又是地理概念,还是文化概念,构成一个血统、地缘、文化认同的民族整体,是东西南北中五个方域诸侯国诸族在历史长河中整合而成。

对于文明生活的演化,我国古代文献《礼记·礼运》篇说:"昔者先王未有宫室,冬则居营窟,夏则居橧巢。未有火化,食草木之实,鸟兽之肉,饮其血,茹其毛。未有麻丝,衣其羽皮。后圣有作,然后修火之利。范金、合土,以为台榭宫室牖户。"《庄子·盗跖》篇说:"古者禽兽多而人民少,于是民皆巢居而避之,昼拾橡栗,暮栖木上,故曰有巢氏之民。古者民不知衣服,夏多积薪,冬则炀之,故命曰知生之民。神农之世,卧则居居,起则于于,民知其母,不知其父,与麋鹿共处,耕而食,织而衣。"《礼记·礼运》篇和《庄子·盗跖》篇关于衣服演化的记载表明:在麻、丝织物没有出来之前,先民或

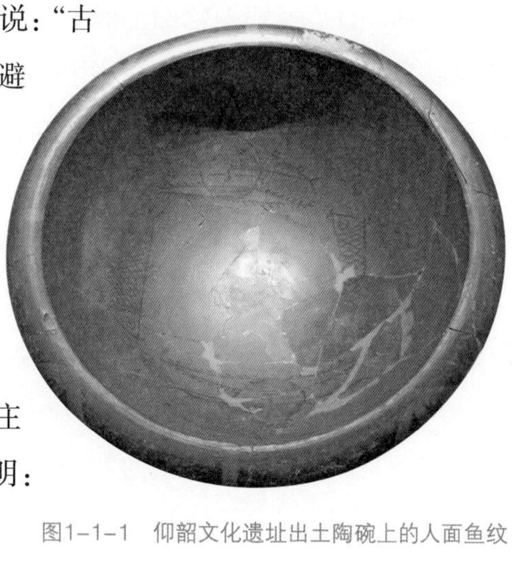

图1-1-1　仰韶文化遗址出土陶碗上的人面鱼纹

者用动物的毛皮来护身保暖,或者在冬季以火取暖;至以神农氏为代表进入农牧经济的母系氏族社会,才开始用纺织物做衣服。

当完成了由原始社会向奴隶社会的社会形态转型之后,或者说部落首领逐渐变成了奴隶主,部落居民沦落为奴隶之后,服装不仅作为物质产品起着护体实用的功能,而且还作为文化产品起着表现礼仪的章服功能,对显示人们的社会等级地位、维系社会政治伦理发挥着作用,这也许正是中国号称"冠带之伦"的原因。

二、服周之冕

"服周之冕"是孔夫子的原话,表明了他的态度与理想。那么何为服周之冕?身为春秋之人的孔夫子为何要服周之冕?

《易·系辞下》有:"黄帝尧舜禹垂衣裳而天下治。"意思是,黄帝之前的人们衣服可以随便穿,或者说进入文明时代之前人们衣服可以随便穿。但是,进入华夏文明之后,衣服就不能随便穿了,就要"垂衣裳"了,也就是说分出上衣和下裳了,且这个上衣和下裳都是相对固定的款式。

但这一切只是传说。真正关于"衣裳"的考古发现是在殷墟的妇好墓,其中发掘出来的玉俑穿的就是上衣下裳(图1-2-1)。具体形制为交领、大襟、右衽、连袖、围裳、系带、系带,同时在领襟与袖口处有"衣作绣、锦为沿"的镶边。就此,我们可以确认,商代的上衣下裳就是这个样子。

图1-2-1 身穿"上衣下裳"的玉俑

周朝出了一位名人,名叫姬旦(史称周公旦)。他有辅佐周王、平定三监之乱的英雄事迹,同时还有制礼作乐的闲情逸致。传说他还出了一本专著叫《周礼》,其设置的典章制度尽在其中。与服饰有关的章服制度就是"冕服制"。

"冕"是一顶帽子,但是与一般的帽子不同的是帽子顶上有一块木板,叫作"延";帽子前面垂挂着若干小珠子,叫作"旒";帽子两端系着长带子,叫作"天河带";其中还有两个玉制的耳塞,叫作"充

图1-2-2 冕服

图1-2-3 十二章纹

耳"——你现在知道"充耳不闻"的来由了吧。

"服"就是上衣下裳,其基本形制与商代一致(图1-2-2);只是增加了一些服装纹饰即"十二章纹",把日、月、星辰、山、龙、华虫这六个纹样画了上去,把宗彝、藻、火、粉米、黼、黻这六个纹样绣了上去(图1-2-3);又增加了一些服饰配件如"佩绶"等,同时脚上也要穿正式的鞋子"舄"(图1-2-4)。

"冕服"更加不能随便穿了。其中皇帝在最隆重场合的冕服是穿"十二章纹",在其他隆重场合至非隆重场合的冕服按"九章纹""七章纹""五章纹"递减。次等官员的冕服最高只能穿"九章",同时也按场合与官阶递减。以此类推,这样就建立了一个服饰等级制度,如同今天的军衔制一样一目了然。为了保障此制度的贯彻执行,《周礼》中还设置了监管服装制作的职官,比如"染人"管染色,"缝人"管缝纫;衣服做好之后交由专人管理,负责管理者叫做"司服"与"内司服",他们的工作就是像夏奈尔所说的

图1-2-4 "舄"

"在适当的时候拿出适当的款式"。

到了孔夫子所处的春秋时期，"礼乐崩坏"（即周朝的礼仪典章与良好秩序被春秋诸侯所打破），包括"冕服制"在内的周代礼制未被后人很好地继承下来，所以孔子急了，因为他认为周礼是最完美的典章制度——在中国思想史上，就有从周公旦到孔子、从孔子到颜回、再从颜回到孟子代代相承，以形成"孔孟之道"的说法。所以孔夫子竭力宣传"克己复礼"的政治主张，在这个"礼"中就包括了"服周之冕"。

反过来说，"服周之冕"就是实现"克己复礼"的技术手段。因为"周之冕"把人们的等级地位彰显出来了，这一点正是孔子所看重与需要的。《史记》这样来推测黄帝是如何制定衣裳的："作冕旒，正衣裳，染五色，表贵贱。"你看，前面所做的"作""正""染"这一切都是为了后面的终极目标——"表贵贱"。《管子》也开宗明义地指出："衣服所以表贵贱也。"事实上从《周礼》到历代《舆服志》，关于服饰的核心内容就是形制，而种种形制恰恰就是用来体现"礼"的，用来体现秩序、等级、规范的。

所以，"服周之冕"又是实现"维稳"的技术手段。它的逻辑关系是，"服周之冕"的目的是为了更好地"辨等差"，把世界上所有的人都分出"等差"的目的是为了建设和谐社会——尤其是要分出官与民——所以孟子补充说"劳心者治人，劳力者治于人"。在这一切等级秩序确定之后，希望人人都服从天命，人人按照自己的等级地位去做好分内之事，就像机器上安装妥当的一颗颗螺丝钉，从不去想僭越之事。这样社会就稳定了，就和谐了。当然这是"孔孟之道"的一厢情愿，到底有没有建成看看中国历史就知道了。

三、胡服骑射

说到"胡服骑射"，我们首先应该认识一下这个典故的主人公——赵武灵王。武灵王是战国时期赵国的第六代君主，同时也是一位著名的政治家、军事家。后人对于赵武灵王的了解，最多莫过于胡服骑射的故事了（一次成功的改革提高了历史知名度）。那么到底什么是胡服骑射？这个故事又是怎样发生的呢？

战国时期的赵国属于疆域较大的国家,然而就其综合国力来说,最多只能算在二三流的发展水准,用现在的话来讲属于标准的"发展中国家"(图1-3-1)。历史告诉我们一个道理——落后就要挨打,所以面对当时的不断侵扰,疆域广大可解决不了什么问题。我们知道当时的北方胡人部落属于原始的狩猎文明,凶悍野蛮,往往这样的民族打起仗来也是不需要什么理由的。尽管这些凶悍的部

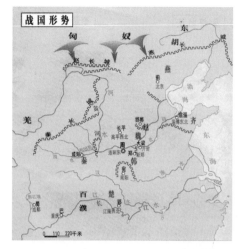

图1-3-1 赵国的地理位置

落和赵国没有发生特别大的战争,但隔三差五的小规模掠夺战总是让赵国颇伤脑筋,其中尤以中山国为甚(即故事发生的时代背景)。

尽管中原的农耕文明比狩猎文明要发达不少,但论起军事战斗力看来还是应该从胡人那里学习。师夷长技以制夷?对!由于胡人都是身穿短衣、长裤,足下登皮靴,行动起来十分利落,开弓射箭,骁勇异常。而赵国军队得力于中原较为发达的农耕文明,尽管武器比胡人精良,但多为步兵和兵车混合编制,作战能力都较低下。另外,由于当时赵国军队的服装形制是衣长、袖宽、腰肥、下摆大,并在裤外一定要加长服,穿着行动极不方便,更别说骑马打仗了,因此,在交战中常常处于不利地位(图1-3-2)。鉴于这种情况,赵武灵王决心改革服制,推行"胡服骑射",加强军事力量,从而达到强国的目的,这实际上也是其进一步深化政治改革的一个方面。

有一天,赵武灵王对大臣楼缓说:"咱们东边有齐国、中山(古国名),北边有燕国、东胡,西边有秦国、韩国和楼烦(古部落名)。我们要不发奋图强,随时就会被人家灭了,那岂不愧对列祖列宗吗。要发奋图强,看来必

图1-3-2 战国彩绘木俑

须好好来一番改革。爱卿有何高见？"楼缓答道："咱们的军事亟待改革。""我觉得咱们穿的服装，长袍大褂，干活打仗都不方便，不如胡人（泛指北方的少数民族）短衣窄袖，脚上穿皮靴，灵活得多。我打算仿照胡人的风俗，把服装改一改，你看怎么样？"（原来从服装的层面也能够解释一颗马掌钉使一个国家灭亡的理论——1485年，英王国王查理三世准备和兰凯斯特家族的亨利伯爵在博斯沃斯决一死战，却因为一颗马掌钉而丢失了自己的国家。）楼缓不解，赵武灵王说："咱们打仗全靠步兵，或者用马拉车，但是不会骑马打仗。我说的学习胡人的服装穿着，最主要的是学他们那样骑马射箭。"

武灵王的这个想法一经传开，就遭到不少大臣，尤其以他叔叔公子成为首的一些人的反对。武灵王为了说服公子成，亲自到公子成家做思想工作，他用大量的事例说明学习胡服的好处，终于使公子成同意胡服。公子成的思想工作做通之后，仍有一些王族公子和大臣极力反对，他们指责武灵王说："衣服习俗，古之理法，变更古法，是数祖忘典、不可原谅的罪过。"武灵王批驳他们说："古今习俗不同，有什么古法可言？帝王都不是承袭的，有什么礼制可循？夏、商、周三代都是根据时代的不同而制定法规，根据不同的情况而制定礼仪。礼制、法令都是因时制宜，因地制宜，衣服、器械只要使用方便，又何必死守古代那一套？"在经过了异常激烈的论战之后，武灵王力排众议，在大臣肥义等人的支持下，坚持"法度制令各顺其宜，衣服器械各便其用"的观点，毅然决定服装改革，下令在全国改穿胡人的服装（图1-3-3）。

图1-3-3 战国时期赵国武士铜像

赵武灵王在胡服措施成功推行之后，接着训练骑兵队伍，改变了原来的军事装备，赵国的军事战斗力一下子提高了起来，赵国的综合国力也日渐强大。不仅打败了过去经常来犯的中山国，而且还往北方开辟了上千里的疆域，成为当时的"七雄"之一。

从赵武灵王胡服骑射中我们可以看到，服

饰首先应具备的普遍意义,就是它的适用性,或者说实用功能。对于赵武灵王来说,原先兵败的根源在于服饰的实用功能差,要改变这种状况,就必须建立一种适用有效的行为法则。他从服饰入手,提出一系列改造标准。再有一点,这种适用并没有片面否定美和装饰,而是强调必须先"质"而后"文",也就是说只有先将"适用"的功能性问题解决了,再去谈审美问题。同时,胡服骑射为服装的流行和创造提供了良好的环境,实现了中国服装史上第一次南北交流,是中国服装史上第一个转折点。

郭沫若1961年秋游丛台时曾即兴赋诗一首,诗中说到"骑射胡服思雄才",歌颂的便是赵武灵王实行胡服骑射改革的史绩。仅仅换了一身衣裳,为何值得歌颂?其实对于我们而言,赵武灵王这种改革的精神和魄力更是值得我们学习的。改革从来都不是一帆风顺的,但只要方向是对的,我们就应该勇敢地去做。历史告诉我们,我们需要这样的改革,我们也欢迎这样的改革。

四、断缨却嫌

本书出场的又一男主角——楚庄王,与上一篇我们说到的赵武灵王倒是有一些共同点,除了性别和职业相同之外,就是两个人都通过自己的努力将一个弱小的国家变得强大,而且这里面居然都和服装有着莫大的关系!为什么这么说?诸位请看:

楚庄王之前的楚国不过是一个不起眼的弹丸小国,用"一穷二白"来形容它绝对恰当不过,其无论是政治、军事、文化还是影响力都没有上过榜单,用今天的标准来判断绝对属于那种不入流的小国家。可是,就是这么一个蛮夷小国,却公然称王,让其他诸侯又好笑又好气,摇着头说由它去吧,反正成不了气候。

楚庄王即位后表面上以酒色遮人耳目,实际则是私下摸底调研,直至挥鞭北上,饮马黄河;后来奋发图强,问鼎中原,成为春秋五霸之一。当然楚庄王的成功事迹颇多,我们这里要讲的是一个有关服装的生动故事。

一次,在成功平息内部斗越椒(之前担任宰相)叛乱后,楚庄王在郢都(今天的湖北荆州)大摆庆功宴,犒赏立有战功的将士。在盛大的庆功宴上,众功臣开怀畅饮，从日上三竿喝到薄暮时分，灯火摇曳中，乐池内轻歌曼舞的美人更是让常年征战的将军们眼花缭乱，如痴如醉，不知今夕何夕。楚庄王还让身边宠姬许氏去给诸位功臣劝酒，真是"彩袖殷勤捧玉钟"，好一番热闹景象！忽然，一阵狂风穿堂而入，吹熄了所有的烛火，大堂之内顿时陷入一片漆黑。

这时有人趁黑暗之际拉住楚妃的衣袖，酒后无德意欲非礼。机智的楚妃巧妙地扯下了那人的冠缨（帽缨），禀报楚王并呈上证物，请求严查。现在只要楚庄王一声令下，便可让那位将军在众人面前颜面尽失，说不好还会惹来杀身之祸。但楚庄王不等许氏说完，却令她先行退下。

"不要点灯！"楚庄王的声音透着威严："今日宴饮，大家重在尽兴，诸位将军不如把头上的冠缨都取下来，来个不醉不归，如何？"楚庄王深知这场战争的胜利来之不易，是众将士的浴血厮杀，才最终改变了他"人为刀俎，我为鱼肉"的局面。而这场庆功宴正是君臣联络感情、加深信任的绝好时机，绝不能因为这件事情动杀机，影响将来的成就霸业。果然，待掌灯的侍女将烛火再一次点亮的时候，众将军的冠缨都已经取了下来，一切恢复如常，依旧是歌舞升平。

数年后，楚庄王派兵攻打郑国。副将唐狡自告奋勇，拼命杀敌，率百名壮士为先锋，使大军一天就攻到了郑国国都的郊外。于是，楚庄王决定奖赏唐狡，并要重用他。唐狡说："我就是当年那位拉美人衣袂的罪人，大王能隐微臣之罪而不诛，哪还敢奢望奖赏呢？"后世一位名叫髯翁的文人专门作了一首七绝来称赞楚庄王：

暗中牵袂醉中情，玉手如风已绝缨。
尽说君王江海量，畜鱼水忌十分清。

圣人曰：小人常戚戚，君子坦荡荡。楚庄王为了包容犯错误的将军而命令众人一起扯断帽缨的这次宴会，就成了中国历史上有名的"绝缨会"，成语"楚庄绝缨""断缨却嫌"也由此产生。

那么这里说的"缨"具体指代的是我们服装中的哪个部分呢？说到这里

我们就应该对古代的军服形制有一定的了解了。

古代作战和现代截然不同,出战有战车,战将着铠甲,威风凛凛。历代的戎装虽然与常装在风格品位上存在着一致性,但是由于功能的特殊要求,其衣、帽以及所有服饰形成了极具特色的服饰体系。军服的演变经历了从简至繁,又从繁而简这样一个发展过程,以致延续至今。这种变化是与各个时代的冶铁业、制革业、手工业,以及服装服饰业的发展状况及经济水平息息相关,军戎可以显示国威、振奋士气,军戎也可以向人们述说它的功绩和败北的原因。

古代战事中,战将们是身着护身衣,头戴护头帽(盔顶竖长缨),这就是所谓的"甲"和"胄"(胄即是"盔")。《尚书·说命》中注有"甲铠,胄兜鍪也",意思是说,古代胄就是兜鍪,均以金属制造。古代的"甲",由于外形似坚硬的壳而得名,是一种用于防御,属于功能性极强的服装的一部分。

盔缨在最初是作为装饰品出现,有学者推论,盔缨用雉翎(野鸟的羽毛)是取其勇猛好斗之意也。同时,根据盔缨材质和规格的不同是可以区别武官官阶的,如果插旗的话则可以标明隶属部队,某些时候可以作为特别行动的识别标志。后来随着军队的正规化,它的存在意义也就只剩下纯粹的装饰作用了(图 1-4-1)。

图1-4-1　长缨

五、遥远的木屐声

木屐,通称木底鞋,是我国一种民俗用品。屐是我国传统木质鞋具的总称,具有凉爽、防滑、坚固耐磨、取材方便、制作简单、行步有声等诸多特点。春秋战国时期,穿屐者日益普遍,据说孔子当年就穿过木屐。

《太平御览》卷六九八引《论语隐义注》:"孔子至蔡,解于客舍,入夜,有取孔子一只屐去,盗者置屐于受盗家。孔子屐长一尺四寸,与凡人异。"说的是孔子周游列国,来到蔡国,投宿于客舍。按当时习俗,鞋履不能穿入室内,只能放在门口,没想到第二天起来,木屐不翼而飞,原来在半夜里被人偷走了。论者以孔子之屐"与凡人屐异",故遭失窃。而实际情况或许未必如此,估计是人们出于对孔夫子的敬重,故将其所穿木屐当作宝物珍藏起来。

说到木屐,很多人的第一印象便是:哦,那不是小日本的东西嘛。其实事实上并非如此,只能说木屐是日本人从我们中国"进口"过去的,木屐的发明者实际上是我国智慧的古代人民。相关史料表明,木屐在我国有着悠久的历史,这里说的是南朝宋代刘敬叔《异苑》中讲到的一个与木屐有关的故事。

相传晋文公重耳在继位之前曾经长期流亡国外,某次他在卫文公那里吃了闭门羹,不得不前往齐桓公那里求助。途中染上风寒,发高烧,昏迷中他说很想喝一碗肉汤,可是随从们带的盘缠早就所剩无几了,况且这前不着村,后不着店的地方哪里去弄肉汤?此时介之推偷偷找了个角落,自己动手割下了大腿上的一块肉,煮出了一碗肉汤。重耳喝完之后,风寒不治而愈。后来重耳获得齐桓公的支持,最终成为晋文公。

晋文公执掌国家政权以后,随从们纷纷自行申报功绩,都希望加官晋爵。唯有介子推非常低调,背着老母隐居到深山老林(绵山,今山西介山)去了。后来晋文公终于想起了那碗救命的肉汤,于是派人上山去请介子推下来受赏。可是介子推比后来的黄公望(《富春山居图》的作者)还有脾气,半推半就都不肯。无奈之下,晋文公放火三面烧山,留一面作为介子推的逃生通道(这个晋文公是什么逻辑?)。然而,介子推和他母亲,居然抱着一棵树活活被烧死。

听到介子推宁死也不愿接受高官厚禄的消息,晋文公懊悔不已,但是此时为时已晚。为了纪念介子推,晋文公将那棵树砍倒,亲手设计制做出一双木制"拖鞋",让嗒嗒作响的木屐之声时刻提醒自己不要重蹈覆辙,就这样世界上第一双"木屐"便产生了。据说晋文公经常望着木屐叹息不已,足蹬木屐"以示吾过",嘴边常念叨:"足下,悲乎!"以表示对介子推的怀念之情,以后"足下"就成为了对朋友的敬称。

初时,木屐的外形宛若一只用木板钉成的小凳子,上面再接合鞋帮,着地的两只脚称为屐齿(我们都学过"应怜屐齿印苍苔")(图1-5-1~图1-5-3)。由于屐齿的接触面积小,所以能适应泥泞的路面或在雨天行走,人不易滑倒。至于谢灵运的木屐,则将木屐的功能发挥到了极致。他将木屐的屐齿设计为可以活动的,上山时前低后高,下山时前高后低,这样无论上山下山都一样如履平地了(图1-5-4、图1-5-5)。

图1-5-1 慈湖新石器时代遗址出土木屐实物图

图1-5-2 扬州汉陵苑.浮石与木屐

图1-5-3 方头木屐

图1-5-4 南朝活络齿屐

图1-5-5　南朝活络齿屐2

后来出于生活的需要,慢慢出现了由整块木料凿成的拖鞋形式的木屐。这样的木屐有更多的优点,并且形式更加丰富多样。随着中外文化交流,木屐远传域外,在日本、朝鲜和东南亚一带,至今尤盛行不衰。

当我们今天穿着木屐的时候,不知道还有多少人会联想到这个遥远的传说呢? 一双小小的木屐竟然还有着这么厚重的故事在里面。不过仔细思量,在我们高度发达的现代文明里,会不会还有人会像介子推这样"低调"呢?

第二章
秦汉服饰

一、秦始皇陵兵马俑

秦王朝距今已有两千多年的历史,当时人们的服饰怎样,历史文献给我们留下的资料比较少。秦始皇陵兵马俑坑出土的大批武士俑群,使我们对秦人的服饰有了直观的形象资料。说到秦皇兵马俑,我们或许可以从一部电影穿越回去——《古今大战秦俑情》;说到秦俑与现代服装的关系,我们也会很自然地联想到1994年著名服装设计师马可的"兄弟杯"金奖获奖作品——《秦俑》。

让我们先从"秦皇汉武"的秦始皇开始说起吧!

秦始皇出生在各国争斗异常激烈的战国时期。当时秦是战国七雄之一,秦始皇的曾祖父秦昭王听取了范雎"远交近攻"的战略,把进攻的矛头先对准了邻近的韩国和魏国,而和较远的赵国联合。此战略颇有成效,为秦始皇建立统一政权打下了坚实的基础。而后,秦始皇又确立郡县制度,抗击匈奴,征伐南越,修建长城、驰道和灵渠,创造了前无古人的业绩。

秦始皇即位后不久就开始为自己修建陵墓,到他去世前后共用了三十七年。据史书记载,秦始皇陵高五十余丈,周长五里余,墓基极深,并用铜液灌注。迄今所出土的七千多个陶塑的兵士和战车马匹(随不断发掘,出土数量还在增加中),只不过是陵墓外围的一部分,为的是守卫秦始皇的陵寝。从目前在陕西临潼一、二、三号坑内发掘出土的陶俑来看,这些兵马俑的雕塑手法极为写实,成为今天进行考古历史研究的极好材料(图 2-1-1、图 2-1-2)。

图2-1-1 秦始皇陵穿短衣坐俑

图2-1-2　秦始皇陵穿袍跪俑

出土的秦代兵俑分为军俑、军吏俑、骑士俑、射手俑、步兵俑与驭手俑等，他们的铠甲服饰装束亦表现了军队的等级制度。秦兵马俑坑中所塑士兵个个根据活人模型仿制，头发亦是根据统一规矩修饰，可是梳理时的线型、须髭的剪饰、发髻的缠束仍有各种变化。他们所穿戴的甲胄塑成时显然是由金属板片以皮条穿缀而成，所穿鞋底上还钉有铁钉。兵士所用之甲，骑兵与步兵不同，军官所用之盔也比一般士兵的精细。所有塑像的姿势也按战斗的需要而定，有些严肃地立着，有的跪着在操强弩，有的在挽战车，有的在准备肉搏。侧翼有战车及骑兵掩护，好像准备随时与敌人一决雌雄。

这些都是秦兵俑中最为常见的铠甲样式，是普通战士的装束。这类铠甲有如下特点：首先，胸部的甲片都是上片压下片，腹部的甲片都是下片压上片，以便于活动。其次，从胸腹正中的中线来看，所有甲片都由中间向两侧叠压，肩部甲片的组合与腹部相同；在肩部、腹部和颈下周围的甲片都用连甲带连接，所有甲片上都有甲钉，其数或二或三或四不等，最多者不超过六枚。再次，甲衣的长度前后相等，皆为64厘米，其下摆一般多呈圆形，周围不另施边缘（图2-1-3～图2-1-6）。

秦俑袍衣的基本特点是：交领右衽，质料厚实，长度及膝，而且腰束有革带。另外，秦俑袍衣的袖子比较紧窄，这主要考虑到便于作战的实际需要。

根据民族习俗，汉人衣襟都向右掩，胡人衣襟都向左掩，如

图2-1-3　秦朝军服

图2-1-4 秦军铠甲复原图　　　　图2-1-5 秦代将军　　　图2-1-6 秦始皇陵
车驭手俑

孔子赞叹齐桓公的霸业时就曾说：没有管仲，我们大概要披着头发，穿左衽衣，受异族地统治了吧。而秦俑战袍全为右衽（无一左衽服制），从这一角度我们可以判断，秦俑战袍衣着式样为汉服。这一事实说明，经过多次的民族大融合，到秦代时，汉民族已基本形成为一个相当稳定的共同体。其次，兵马俑以其地位和军种的不同，穿着服饰不同，秦俑2号坑骑兵俑的服饰，与其他秦俑袍不大相同，其特点是袖口较窄，双襟较小，长度较短。研究者认为它是"褶之服"，也就是说属于胡服的体系。这种服饰，抬腿跨马比较方便，宜于骑兵穿着。但此胡服衣襟形制仍为右衽，说明秦时各民族间的交融对于服饰已经产生了一定影响（图 2-1-7、图 2-1-8）。

　　秦始皇陵内的七千余名兵马俑，造型虽然各不相同，但他们的衣装服饰，全都体现了秦人崇尚简洁实用的风格。秦国的军队在战斗中所向披靡，固然很大程度上是因为统帅治军有方、将士同仇敌忾，但与他们作战时的装备，包括军装的设计制作也是分不开的。另外，兵马俑所体现的秦人崇尚简洁实用的服饰风格甚至也影响到了民服。秦代民间服饰以简洁实用为主，与周朝的

图2-1-7　秦始皇陵出土兵马俑

图2-1-8　秦始皇陵出土兵马俑

服饰有了很大的不同。秦代衣饰的这种朴实简洁的风格,一直影响了秦以后两千多年中国衣饰的走向。

二、深衣的规矩

今天不管是在网络还是媒体上,我们都很容易听到"汉服"这个词,很多青年甚至身体力行起来,穿起汉服进行各种方式的宣传与推广。其实不论怎样去宣传怎样去推广,让我们现代人重新捡起老祖宗的"汉服"来穿,其可能性还是非常小的,为什么呢?因为生活方式变化太大,所以不管汉服爱好者怎样摇旗呐喊,汉服也只能作为一种符号而存在了。那么问题来了,什么是汉服?汉服是怎样的一种服装呢?上衣下裳是汉服,深衣也是汉服。那么何为"深衣"?为什么叫"深衣"而不叫"浅衣"呢?原来是因为有衣服层层包裹身体,将身体深藏之意。那么,又为什么需要用衣服将人体层层包裹呢?

这里讲一个关于孟子的故事。

传说有一天,孟子突然从外面回到家里。一推门,见到自己的夫人一个人在家。她大概是劳累了,需要暂时休息一下,便箕踞而坐,结果正巧被孟子看到。孟子摔门而出,找到母亲说:"我媳妇没有礼貌,我要休了她!"孟母早年断织、三迁、买东家豚肉的故事,都是流传千古的佳话,可见孟母并不是一个偏听便信、一味袒护儿子的人。于是她问道："媳妇怎么没有礼貌了呢？"孟子答："她箕踞而坐！"孟母问道："你怎么知道的？"孟子答："我亲眼所见。"孟母说：《仪礼》中讲，将要入门，先问一声谁在；将要上堂，要先扬声报到；将要入户，眼睛的视线要朝下，不要让屋子里的人事先没有准备。如今，你来到卧室，进门前没有说话，结果媳妇箕踞而坐被你看了个正着。这是你没有礼貌，并非媳妇没有礼貌。"听了母亲的话，孟子便打消了休妻的想法。

我国古代著名的思想家、教育家，以及儒家学派代表人物，被世人尊称为"亚圣"的孟子相信大家并不陌生，他的"鱼与熊掌不可兼得""民贵君轻"等思想与学说我们大家都很熟悉，可能有人在质疑这个故事的真实性了，如此高人竟然因为妻子的一个坐姿就要把她休了？当然故事的真实性有待考证，但我们从故事中却不难发现一个关键点——箕踞，何为"箕踞"呢？这是古人的一种坐姿，这种姿势就是两腿向前伸，两膝微曲而坐，因整个人坐的形象像一个簸箕，故叫"箕踞"。其实这在今天只是无关大雅的举动，可对于几千年前的古人来说则是如同袒露下身，是一种非常无理的行为——因为古人无内裤可穿——这才是问题的关键。正是由于内衣不全，"屈身之事皆跪行之，以防露体。箕踞或露下体，故不论男女，以为大不敬。"意思是箕踞相当于故意让人看见下体，既是对他人的不敬，也不雅。

所以为了避免此类情况的发生，人们将上衣与下裳缝合起来，做成"衣裳连属"的"深衣"，且早期深衣多为曲裾、续衽钩边，这样防守就十分严密了（图 2-2-1 ~ 图 2-2-5）。因为这时的深衣两端不开衩，衣襟很长，在前身交叠后，绕至身后，形成三角形，再用带子系扎。这样里面穿不穿裤子就无所谓了；而且即使后来有了裤子，也是开裆裤。与曲裾深衣对应的另一种深衣形制是直裾深衣。这种形制的出现依然与内裤有关——后来出现了合裆裤之后，曲裾绕襟的深衣已属多余，所以，直裾深衣就渐渐多了起来（图 2-2-6 ~ 图 2-2-8）。只是由于当时穿开裆裤的习俗未能一下子改过来，直襟深衣又有遮蔽不严的弊端，所以直裾深衣最初还不能作为正式服装穿用。

深衣既是士大夫阶层的居家便服，也是庶人百姓的礼服，男女通用。故

图2-2-1 《三才图会》中深衣正面图

图2-2-2 《三才图会》中深衣背面图

图2-2-3 曲裾深衣复原图

图2-2-4 着曲裾深衣的木俑

图2-2-5 曲裾深衣实物图

《礼记·深衣篇》载:"故可以为文,可以为武,可以宾相,可以治军旅,完且弗费,善衣之项也。"表明了当时男女、文武、贵贱皆可穿深衣,这一点在湖南长沙和湖北云梦等地出土的男女木俑及帛画上可以看到。

深衣的形制是衣与裳连在一起,由于衣料比较轻薄,为了防止薄衣缠身,采用平挺的锦类织物镶边(衣边和袖口等处均有半寸宽的镶边),边上再装饰种种图案,即"衣作绣,锦为沿",将实用与审美巧妙地结合。衣料质地与衣边颜色根据祖父母、父母是否健在而定。衣服的长度,以到脚踝为宜,即"长毋被土",约离地4寸。

另外,深衣的颜色受伦理思想的影响很深,一般说来,如果父母、祖父母全都健在,就穿绿色的深衣;父母全在,而祖父母不全在的,或父存母亡的用青色;父亡母存用素色;平常衣料的颜色要避免用素色,是对父母表达孝心的一种方式。当时南北各国因为文化意识的不同,深衣的款式也不相同。北方衣袖窄长,上衣贴紧身体,下面的衣裾宽大曳地。而南方仅楚国的深衣款式就有多种:衣袖肥大而下垂,袖口突然收紧,衣裾的下部宽大而拖地;还有一种样式,袖子

图2-2-6　直裾深衣复原图

图2-2-7　直裾深衣复原图

图2-2-8　直裾深衣实物图

从肩部向下开始变窄,形成一种细长窄小的袖口,衣裾曳地不露足。

深衣对后世服制影响作用较为明显,魏晋时期的大袖长衫、隋唐时期的宽袍、宋代的襕衫、元代的长袍,直至明代的补服都是古代上衣下裳相连的深衣制的发展演变,深衣形制对于我国服饰流变的影响可见一斑。

三、马王堆与素纱禅衣

对于许多考古学家或者历史爱好者来说,"马王堆"与西安、敦煌等地是一个档次的,可以说已经成为他们心中的一个圣地。为什么这么说呢,请将历史的镜头倒回到 20 世纪 70 年代——1972 年长沙马王堆考古发现震惊了当时的考古界(图 2-3-1)。马王堆汉墓的发掘,为研究西汉初期手工业和科学技术的发展,以及当时的历史、文化和社会生活等方面,提供了极为重要的实物资料,对我国的历史和科学研究均有巨大价值,其出土文物异常珍贵。

马王堆汉墓出土了大量各种丝织品和衣物,这些丝织品与衣物数量大、年代早、品种多、保存好,极大地丰富了中国古代纺织技术的史料。其中 1 号墓出土的织物,大部分放在几个竹筒之中,除 15 件相当完整的单、夹绵袍及裙、袜、手套、香囊和巾、袱外,还有 46 卷单幅的绢、纱、绮、罗、锦和绣品;3 号墓出土的丝织品和衣物,大部分已残破不成形,品种与 1 号墓大致相同,但锦的花色与品种较多。其中最能反映汉代纺织技术发展状况的是素纱和绒圈锦,用作衣物缘饰的绒圈锦(纹样具有立体效

图2-3-1 马王堆一号汉墓帛画《升天图》

果），其发现证明绒类织物是中国最早发明创造的，从而否定了过去误认为绒类织物是唐代以后才有或从国外传入的说法。而印花敷彩纱（涂料印花制品：用印花和彩绘相结合的方法，在轻薄方孔纱组织的高级丝织品上，进行印染加工而成）的发现，表明当时在印染后整理工艺方面达到了很高的水平（图2-3-2～图2-3-4）。

图2-3-2　黄绮地乘云绣

另外，马王堆一号汉墓出土的"禅衣素纱"是一件知名度很高的文物，这件纱衣见于马大侯利苍夫人墓。这件素纱禅衣衣长128厘米，通袖长190厘米，交领、右衽、直裾、中等宽度袖，面料为素纱，缘为几何纹绒圈锦。素纱丝缕极细，共用料约2.6平方米，重仅49克，还不到一两，是世界上最轻的素纱禅衣和最早的印花织物。（图2-3-5）可谓"薄如蝉翼""轻若烟雾"，且色彩鲜艳，纹饰绚丽，它代表了西汉初养蚕、缫丝、织造工艺的最高水平，这在世界纺织工艺中也是罕见的珍品。

图2-3-3　绢地茱萸纹绣

禅衣也可写作襌衣，属于华夏传统服饰体系中深衣制的一种，无衬里的单层衣称为禅衣。《说文》载："禅，衣不重也。"《释名·释衣服》载："禅衣，言无里也。"禅衣一般是夏衣，质

图2-3-4　绢地"长寿绣"

图2-3-5　汉代素纱禅衣

料为布帛或较为轻薄的丝绸制品。马王堆一号汉墓出土的这件用纱料制成的禅衣,因无颜色与衬里,出土遣册称其为素纱禅衣。薄如蝉翼的素纱禅衣,是当时缫纺技术发展程度的标志。

素纱禅衣轻薄而透明,如何穿着呢?根据《诗经·郑风·丰》"衣锦褧衣,裳锦褧裳"的说法,多数学者认为贵为丞相夫人的辛追是为了显露华丽外衣的纹饰,因此在色彩艳丽的锦袍外面罩上一层轻薄透明的禅衣(薄纱),使锦衣纹饰有了若隐若现的效果,这样不仅增强了衣饰的层次感,更衬托出锦衣的尊贵与华美。有着轻柔和飘逸质感的纱衣,穿在女子身上,迎风而立,飘然若飞。也有人认为其当时作为内衣穿着,相当于现在的一种性感内衣。

素纱禅衣的发现一方面为我们展示了西汉的服饰形制特征,而其更为重要的价值则在于印证了古籍上所记载的汉朝发达的丝绸制作工艺。素纱禅衣轻薄到什么程度呢?我们不妨引用一则相传发生在唐代的故事——说明纱制服装的轻薄与透明吧!一次,有个阿拉伯商人在广州拜见一位官员。他突然发现这位官员身上有一颗黑痣居然透过薄薄的衣服显露了出来。正当他目瞪口呆的时候,官员问他:"您为何盯着我的胸口呢?有什么不对的地方吗?"阿拉伯商人连忙解释道:"哦,我在惊奇为什么透过双层衣服还能看见您胸口的一颗黑痣。"官员听后不禁哈哈大笑起来,卷起衣袖让商人看个仔细,他卷了一层又一层,卷了一层又一层,原来他穿的衣服不止两层,而是五层!这如果放在今天,就是绝对名副其实的透视装了!

我国是世界上最先发明丝绸的国家,这是我国对世界文明的一大贡献。考古发现,我国在距今六七千年以前,就开始饲养家蚕和织造丝绸了。在此后四五千年时间内,我国一直是世界上唯一能够织造轻柔美丽丝绸的国家,因而被古代世界各国称之为"丝国"。"丝国"这个名字,尚不知道什么时候开始有的;但是,"丝国"真正扬名世界却是在汉代,一是因为丝绸之路的传播作用;二是因为如此轻薄的高超工艺。

四、忘穿秋裤

现在有一种寒冷,叫作忘穿秋裤。对于现代人而言,无论男女老少,裤子都是人们衣橱里必不可少的服装。但今天最常见的裤子,在历史上却曾经是让人反感的东西。在漫长的西方文明史中,人们大多只穿长袍或裙子,裤子一度被认为是"野蛮人"才穿着的服装。

古代中国人对裤子接受得较早。在与游牧民族的战争、交往过程中,中原人开始尝试穿裤子,不过当时的裤子只有两条裤腿,没有裤裆,从脚踝到膝盖。中国古代将这种服饰称作"胫衣",在冬天可以起到保暖的作用。秦汉之际,胫衣长至大腿,但仍没有裤裆,主要是为了便于便溺。裤子最初仅在部队中流行(骑马作战),到了汉代,有裤裆的长裤才逐渐被汉族百姓接受。唐朝时社会上盛行"胡服",裤腿有了收束。到了宋代,裤子变成了贴身的"膝裤",既便于行动,又十分保暖。

今人一定很难想象到古人的裤子竟然经历了从无裆到有裆的变迁过程。前文我们说到孟子想要将妻子休掉的原因不就是没有裤子惹的祸吗?对于服饰特征变迁并不是特别明显的裤子而言,这"从无到有"的过程也算得上是一次质变式的"飞跃"吧!

继续前面的深衣话题。在穿着深衣时,里面多会穿胫衣,胫衣就是裤子的雏形。那么,"汉代女性穿开裆裤"的说法就不难理解了吧。

其实,早期中国人是不穿裤子的,所谓的胫衣仅具有今天长筒袜的功能,就是只有两只裤管,裤口较肥大,没有裤腰,上端用带子系在腰部,这种裤子自然是没有裆的，或说是开裆形式的。可见，"汉代女性穿开裆裤"一说并非捕风捉影。事实上，在秦汉时不只女性穿开裆裤，男性也这样，更有人里面连开裆裤也不穿。

中国古人真的是穿开裆裤上街吗？从史料来看，这是现代人想当然。因为这种开裆裤是不单穿的，外面还会穿前后两片的"裳"，即围裙状服饰。

虽然开裆裤外面有下裳罩着，但这样的着装仍很容易露出下体，导致"走光"。所以在当时的"公民行为准则"中对此有明确规定，不能轻易提起下裳，除非过河时，否则便是失礼，属"不敬"。《礼记·曲礼》中所谓"劳毋袒，暑毋褰裳"，意思就是说，做活时不能袒露身体，夏天也不要把下裳提起来。

图2-4-1　后世的膝裤

图2-4-2　后世的童裤

所以我们可以总结一下，古代的裤子有两种样式：一为裤；一为裈（裤）。裤即"袴"，《释名》曰："袴，跨也，两股各跨别也。"《急就篇》颜注曰："袴，谓胫衣也，大者谓之倒顿，小者谓之校口。"段玉裁《说文解字注》：袴，谓为"今所谓套袴也"（图2-4-1）。按裤为胫衣无裆，古服上衣下裳，或衣裳相连，长可及肘，最短如襦亦及膝，皆可蔽下，着胫衣已足，无须着有裆之裤。今之着套裤另有裹裤，古之着裤则无，不能混为一谈。有裆之裤，或以为裈，一作裤。裈，《释名》曰："裈，贯也，贯两脚，上系腰中也。"《急就篇》颜注曰："合裆谓之裈，最亲身者也。"（图2-4-2）裤为胫衣，袴亦无裆（指今之裆，非穷裤之裆），膝以上皆未露，两股间多无衣，必恃垂衣或裳以为蔽，此古服宽长,或上衣下裳之所由来也。

原来裤子也有这么大的学问呢!

五、奢华的汉代玉衣

1968 年 5 月 23 日,河北满城县一支工程兵部队正在执行开凿穿山隧道的命令。当隧道深入十几米后,爆破的烟雾散尽,工兵们却突然发现眼前出现了一个七米多高的山洞。从这个山洞中发现的一些器物,经专家确认是罕见的汉代文物,且因为墓中青铜器铭文中有"中山内府卅四年""卅九年"等字样,遂断定墓主人为中山靖王刘胜(因西汉中山国王共传十代,超过上述在位年数的只有刘胜一人)。

在这座异常隐蔽的汉墓中,专家们惊喜地发现了一件用数千片玉片组成、以金线连缀而成的金缕玉衣。这件玉衣全长 188 厘米,保存完整,形状如人体,由两千多片玉片用金丝编缀而成,每块玉片的大小和形状都经过严密设计和精细加工,手艺精巧,造型大方,是我国考古发掘中首次发现的、完整的金缕玉衣,可见当时高超的手工艺水平。

玉衣也叫"玉匣""玉押",是汉代皇帝和高级贵族死时穿用的殓服(丧服),外观和人体形状相同。汉代黄老思想盛行,且当时的人认为玉是"山岳精英",将金玉置于人的九窍,人的精气不会外泄,可使尸骨不腐,即"金玉在九窍,则死者为之不朽",可求来世再生。金缕玉衣是汉代规格最高的丧葬殓服,大致出现在西汉文景时期。据《西京杂志》(那时的"杂志",实际上是政府文告)记载,汉代帝王下葬时都用"珠襦玉匣",形如铠甲,用金丝连接。所以汉代皇帝和贵族死时均穿"玉衣"入葬(图 2-5-1、图 2-5-2)。

一件玉衣通常由头罩、上身、袖子、手套、裤筒和鞋六个部分组成,全部由玉片拼成,并用金丝加以编缀。玉衣内头部有玉眼盖、鼻塞,下腹部有生殖器罩盒和肛门塞。周缘以红色织物锁边,裤筒处裹以铁条锁边,使其加固成型。脸盖上刻画眼、鼻、嘴形,胸背部宽阔,臀腹部鼓突,完全似人之体型。中山靖王刘胜的金缕玉衣用一千多克金丝连缀起 2498 片大小不等的玉片,整件玉衣设计精巧,做工细致,是旷世难得的艺术瑰宝,故其出土时轰动国内外考古界。

图2-5-1 金缕玉衣

图2-5-2 玉面罩

由于金缕玉衣象征着帝王贵族的身份,有非常严格的制作工艺要求,汉代的统治者还设立了专门从事玉衣管理与制作的"东园"。这里的工匠对大量的玉片进行选料、钻孔、抛光等十多道工序的加工,并把玉片按照人体不同的部位设计成不同的大小和形状,再用金线相连。

到目前为止,全国共发现玉衣二十余件,中山靖王刘胜及其妻窦绾墓中出土的两件金缕玉衣是其中年代最早、做工最精美的。用金缕玉衣作葬服不仅没有实现王侯贵族们保持尸骨不坏的心愿,反而招来盗墓毁尸的厄运,许多汉王帝陵往往因此而多次被盗。我们注意到玉衣起源于东周时的"缀玉面幕""缀玉衣服",到三国时曹丕下诏禁用玉衣,大致流行了四百年,此后,玉衣便消失在了中国历史的长河中。

第三章
魏晋服饰

一、"竹林七贤"的风度

　　说到我国古代的魏晋南北朝时期,学术界评价很高,认为其是我国继春秋战国时期之后中国思想文化空前发展的第二个高峰时代,并且都会提到一个频率很高的词,那就是"魏晋风度"。

　　"魏晋风度"一词,应该出自鲁迅先生1927年7月的演讲《魏晋风度及文章与药及酒之关系》一文,以率真、坦荡、任诞、淡定、洒脱、旷达作为其注解,皆无不妥。我们去观察一个时代,最直观的当然莫过于观察这个时代的人,"竹林七贤"便是这一时期的代表(图3-1-1)。

　　《世说新语》中记载了一件趣事:阮籍和他的侄子阮咸住在道南,另有一些姓阮的人住在道北。北阮富,而南阮穷。每年七月七日,北阮时兴晾晒衣物,摆出来的都是些绫罗绸缎,实则是借晒衣之俗以摆阔。有一次,阮咸用竹竿挑了一条粗布大裤衩立于中庭。别人不解,问他晒这个干什么,他回答说:"我不是也不能免俗吗,因此也来凑个热闹。"这种行为本身,即是对绫罗绸缎、锦衣玉食的生活,以及权贵阶层的礼俗的嘲讽与抨击。

图3-1-1　王西京作《竹林七贤图》

作为"竹林七贤"另一代表人物的刘伶,他与服装的交集故事更为经典。据说有一次刘伶在屋中赤身裸体,人们见到而讥笑他时,伶曰:"我以天地为栋宇,屋室为裈衣,诸君何为入我裈中?"这里的"裈"是裤子的意思,我们从这个故事可以看出刘伶之率真本性,又自然联想到了契诃夫的那篇《装在套子里的人》,一中一外,一裸露一掩饰,两者形成了鲜明的对比。

以性情率真著称的刘伶,虽容貌丑陋,但仍受到世人的肯定与称赞。《世说新语》载:"刘伶身长六尺,貌甚丑,而悠悠忽忽,土木形骸。""土木形骸"的基本立意,其实是源于老子"被褐怀玉"的说法,晋人王弼曾注"被褐者同其尘,怀玉者宝其真也。圣人之所以难知,以其同尘而不殊,怀玉而不渝,故难知而为贵也。"可以理解为晋代文人对老子之说又做了自己时代的诠释,即真正的圣人不必藻饰,因为人之精神难知者而为贵,易知者则为精神贫乏浅庸之辈。也就是说,身上穿着粗布衣服,却有着玉一样高洁的内心世界,这是多么崇高的境界啊。

刘伶不穿衣服,"竹林七贤"中其他几位衣服穿得也不多。或者说即使穿着衣服,但也要想方设法地敞开。袒胸露臂的敞领对襟复襦,广口大裆裤,均为隐士最为钟爱之服饰。这种衣式敞而裸之,散漫不受拘束,放任自然。作为魏晋文人代表的"竹林七贤",他们的服饰形象均不同程度地表现出"任诞"(即任性、放诞)的士人做派。他们的这一行为,既是受老庄思想的影响,也是对于现实不满的一种发泄,他们的服饰成为中国服饰史上最具特色和最为风流潇洒的男子士儒服饰。

魏晋南北朝时期是中国历史上一段特殊的历史时期。许多满腹经纶之士,空怀报国之志,报国无门,索性终日饮酒、奏乐、行散、谈玄,借此来发泄被现实压抑的个人情怀。处于乱世中的儒士们内心深处的儒家思想束缚也随之松动了,他们最后转而开始崇尚老庄,并向往庄子那种"逍遥乎山川之阿,放旷乎人间之世"。他们的这些思想倾向在他们的日常行为上,表现为与儒家思想背道而驰,且通过服饰有意地去营造一种超凡脱俗的意境(图3-1-2、图3-1-3)。

"竹林七贤"的服饰形象是魏晋风度的外在表现。究其产生根源,表面上

图3-1-2　顾恺之《洛神赋图》局部1　　　　图3-1-3　顾恺之《洛神赋图》局部2

看是时代苦闷郁积的结果,实际上源于人更高境界的审美意识。褒衣博带、解衣当风,这些服饰装束和行为并不是将着装者由社会人降格为自然人,而是在人本意识的精神领域里左奔右突,令人内在与外在的魅力表达得更加全面、更为合理、更为自由。

　　他们举止随便、不受拘束的形象挑战了服饰的传统观念。尽管按照当时风俗并不被人们接受,但也出现了一大批模仿他们的人,这些人可以称得上是古代的"嬉皮士":他们有的袒胸露腹;有的披头散发;有的甚至赤裸裸地行走在街上。文人雅士颇为自得其乐,其行为放荡不羁,其气质超凡脱俗,均受到了赞赏。落寞士人的情趣还直接影响了当时士族阶层的服饰风格。士族阶层是魏晋南北朝时期的特权阶级,他们在平时也穿着肥大的衣服,以至于上车、坐轿时都需要有人搀扶。这种服饰穿着、行为方式在当时能产生一定的影响,还要归结于当时的政治环境和意识形态的改变(图3-1-4、图3-1-5)。

　　魏晋南北朝时期在政治方面充满了分裂与动乱,但在学术思想上却是一个融合创新的时代,它打破了两汉时期"罢黜百家,独尊儒术"的数百年的统治意识,算得上是中国古代一次小规模的"文艺复兴"。这个时期的思想家们,在某种意义上"复兴"了先秦各家学术,整个社会文化表现出一种个体觉醒的状态。

图3-1-4　顾恺之《女史箴图》局部1　　　　　图3-1-5　顾恺之《女史箴图》局部2

二、褒衣博带

"褒衣博带"是魏晋时期典型的服饰风格特征,这一服饰基本的形制特点概括起来讲就是衣下宽、衣袖阔、衣带广,整个服装显得超乎寻常的肥硕。明代冯梦龙编纂的笑话集《古今笑史》中有一个笑话,题目是《异服》,说的就是魏晋时期的故事:

曹奎穿了一件袖子非常大的袍子,是那种"张袂成阴"式的超大型号衣袖(一打开仿佛能形成一片绿荫),十分引人注目。杨衍看见他穿如此奇装异服,不禁问道:"你袍袖为什么要做得那么大?"曹奎回答说:"袖子做得大一点是为了装下普天之下的苍生呀。"这是一种以拯救天下苍生为己任的博大胸怀,他把儒家的经典思想在服饰上做了很独到的解释。杨衍听了,哈哈大笑说:"只可以装一个苍生罢了。"末了冯梦龙评论道:"今吾苏遍地曹奎矣。"意思是说当今的世上到处都是曹奎呀。不管对其引申的意义有何看法,可以认定的史实是大袖袍的确是魏晋时期的流行服饰。

魏晋时期,玄学成为主要的思想流派。由于玄学崇尚清淡、放荡不羁、超然无物、自然无为,故对服饰的传统礼法有些蔑视,并直接反映到当时人们的服饰观念和服饰风尚的变化上。

其实,魏晋时期朝服、公服变化不大,依然沿袭的是东汉服制。倒是此间日常服饰受到少数民族及外来文化的影响,变化较为明显。

魏晋时期主要的服饰样式为裤褶、袍及妇女服饰的襦、衫等。这样的形制特点给人以自由洒脱、超凡脱俗的感觉,是当时文人、士族所十分崇尚的服饰。

1. 裤褶　裤褶是北方游牧民族的传统服装,其形若袍,短身而广袖,其基本款式为上身穿齐膝大袖衣,下身穿肥管裤,裤又有小口裤和大口裤之分,以大口裤为时髦。因穿大口裤不方便,所以用三尺长的锦带将裤管缚住。从这整个服装的样式来看,除受时代性"褒衣博带"的流行时尚的影响以外,同时吸收了北方民族在独特的自然环境中培养的实用、务实的风格(为了能够穿上这一时代流行的服装以显示自我而又不影响基本的生活,便将肥硕的裤管用锦带束起)。

2. 袍　魏晋时期的袍基本上沿袭了东汉的式样,并做出一些适合时代的修改而形成了宽衫大袖,袖口部位也去除了紧束的袖头,服装由紧缚而走向开放。《宋书·周郎传》记"凡一袖之大,足断为两,一裾之长,可分为二",这时期的袍代表着"褒衣博带"的典型式样成为我们研究的重点,在领、袖及下摆处皆有缘饰,服装整体宽松、柔顺,缘饰色彩亮丽,清新淡雅(图 3-2-1、图3-2-2)。

图3-2-1　顾恺之《列女传》

图3-2-2 孙位《高逸图》中戴巾子、穿宽衫的士人

　　3.妇女服饰　这一时期的妇女服饰大抵承继秦汉服饰的特点,又吸收了少数民族的优点。妇女一般上身穿襦、衫,下身穿裙,这一时期妇女的服装也崇尚"褒衣博带",款式多为上俭下丰,袖管肥大,裙多折裥裙。有的将裙摆放长裙长曳地,下摆宽松,在晋代画家顾恺之传世名画《洛神赋图》《女史箴图》等图卷中都可以找到这类遗迹(图3-2-3～图3-2-6)。

图3-2-3 顾恺之《女史箴图》局部1

图3-2-4 顾恺之《女史箴图》局部2

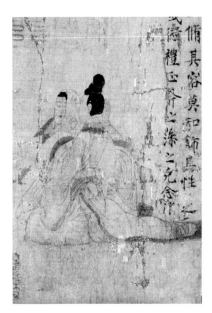

图3-2-5　顾恺之《女史箴图》局部3　　　　　图3-2-6　顾恺之《女史箴图》局部4

　　由于常年战乱,许多北方少数民族大量内迁中原,带来了北方服饰的一些特点。由于北方少数民族久居关外寒冷干燥的生活环境中,他们的衣服紧裹身体,以抵御风沙和寒冷的侵袭。再就他们独特的生活、生产方式而言,主要以畜牧业为主,骑马成为他们生产、生活的核心,更为注重服饰的实用性与灵活性。在这种生活状态下产生了窄衣窄袖、上衣下裳的服饰特点。主要出现了像裲裆衫、袄等服饰样式,整个服饰都变得比较窄小紧身。东晋葛洪所撰《抱朴子·讥惑篇》记载:"丧乱以来,衣物屡变,冠履衣服,袖袂裁制,日月改制,无复一定,乍长乍短,一广一狭,忽高忽卑,或粗或细,所饰无常,以同为快。其好事者,朝夕仿效。"所以"褒衣博带"这一服饰特征在这里并不能单独作为一种简单的服饰风貌来理解,在这一时期一些典型的士人服饰都体现出这种风格;但是对于广大庶民来说,出于实际劳作的考量,又借北方游牧民族服饰南迁中原之机,将其服饰形制处改得更加偏于紧窄与便利。

　　南北朝时,北方少数民族入主中原,人民错居杂处,政治、经济、文化习俗相互渗透,形成大融合局面,服饰也因而得以发展。主要表现在:传统的深衣制长衣和袍服已不大适应社会需要,而北方民族短衣打扮的袴褶渐成主流,不分贵贱、男女都可穿用。另一方面，少数民族服饰也受汉朝典章礼仪影响，穿起了汉族服装。其中最有代表性的是，鲜卑族北魏朝于太和十八年（公元494年）迁都洛阳后，魏孝文帝推行汉化政策，改拓跋姓氏，率"群臣皆服汉魏衣冠"。

魏晋"褒衣博带"与"窄衣窄袖"两条线索的服饰形制的形成受到当时社会多种因素的影响，是当时思想文化与生活方式相对多元化的写照。

三、孝文改制

《资治通鉴》中记载了一段关于北魏孝文帝亲自巡视服饰改制情况的对话："魏主谓任城王澄曰：'朕离京以来，旧俗少变不？'对曰：'圣化日深。'帝曰：'朕入城，见车上妇人犹戴帽，着小袄，何谓曰新？'对曰：'著者少，不著者多。'帝曰：'任城此何言也，此欲使满城尽著邪？'澄与留守官皆免冠谢。"这个故事的大意是，一次孝文帝到邺城视察，对当地一名叫元澄的官员说："我昨日进城，见车上妇人，戴着胡冠，穿着小袖襦袄，这样的事，你为什么不检查一下？"元澄解释说："现在穿胡服的人已经很少了。"孝文帝当即口气严厉地说："难道你要让全城人都穿胡服吗？古人说：一句话说的不当可以使整个国家丧失，这句话说的不就是你这样的糊涂虫吗？"

读到这里很多读者很自然会联想到前面我们说的胡服骑射了，没错，我们这里讲的北魏孝文帝与战国时期赵武灵王改深衣为胡服的著名服饰改革截然相反，一个是"汉"改"胡"，一个是"胡"学"汉"（孝文帝全面推行的汉化政策，包括服饰的汉化）。虽然从表面上看来，赵武灵王将中原服饰改制成胡服和孝文帝将胡服改制成中原汉族服饰只是方向不同的两次服饰改革，但根据"透过现象看本质"的理论，我们也不难得出结论：赵武灵王是因为服装的实用功能性——适应作战需要；而孝文帝的服饰改革则是趋向于内藏于服饰之中的文化认同感。从上文孝文帝与官员的对话中，我们可以看出原来鲜卑百姓都穿夹领小袖的衣服，下令改穿汉人服装后，有的鲜卑妇女不愿改变服饰，孝文帝看到了就责备有关的官员没有尽到职责，可见其推行汉服的决心和改制的艰难。

那么,北魏孝文帝为什么要推行服饰的汉化政策呢?"孝文改制"又是怎么回事?北魏孝文帝是否真是一位"离经叛道"的皇帝呢?

北族胡人入主中原,首先需要解决的问题就是适应由狩猎、畜牧文化向农耕文化的过渡期,在这一过程中的不适应在所难免。因此,改制,特别是遵循汉文化"垂衣裳而治天下"理念所推行的服饰改革成为首当其冲的问题。所以孝文帝将"服饰"作为改革的切入点是有道理、有原因的:一方面,是因为北魏孝文帝的生母和祖母都是汉族女子,其自幼即受到汉族文化的熏陶,对汉文化敬仰有加;而更重要的原因则是通过融入汉族文化以巩固中央集权,加强自身统治。于是,486年魏孝文帝始服衮冕,作为胡人后裔的孝文帝奉行"皇帝造冕垂旒"之服制,这一举措也成为其服饰改革最鲜明的标志。而后494年(太和十八年),孝文帝又自平城迁都洛阳,便于进一步推行汉化改革,鼓励鲜卑族与汉族通婚,共同改革鲜卑旧俗,禁止30岁以下的官员说鲜卑话,把鲜卑复音的姓氏改为音近的单音汉姓(皇族包括皇帝自己改姓元)。495年孝文帝又引见群臣,颁赐百官冠服,以易胡服,即改"群臣皆服汉魏衣冠"(图3-3-1~图3-3-3)。

图3-3-1　北朝仪仗俑　　　　图3-3-2　北魏陶男侍俑　　　　图3-3-3　北朝男侍俑

从战国时代的胡服骑射到北魏时期的"孝文改制",我们注意到文化传播的范围既可以是国与国之间地域层面上的,还可以是一国之内不同方位之间的。尽管传播的力度与波及面不尽相同,但却足以说明包括服饰在内的文化传播,其深度与广度正是文明不断前进的动力。当然,"孝文改制"这一举措也使魏孝文帝成为中国历史上少数民族国君提倡服饰汉化的第一人。

四、花木兰替父从军

说起女扮男装,我们至少会提到两个相关的故事——《女驸马》和《花木兰》,可以说这两个故事已经广为人知,家喻户晓了。与后来所发生的中性化时尚不同,这两个故事只是个案,一个对应在安徽的黄梅戏里,另一个对应在河南的豫剧中。

"……许多女英雄,也把功劳建,为国杀敌是代代出英贤,这女子们哪一点儿不如儿男?"这是河南豫剧中的著名选段《谁说女子不如男》中的唱词,可谓唱出了巾帼英雄花木兰保家卫国的英雄气概。花木兰替父从军的故事发生在北魏时期,北魏由鲜卑拓跋族部建立,西晋末年曾被封为代王,后为苻坚所灭。苻坚在淝水之战失败后,拓跋氏复国,改国号为"魏"。

虽然"魏"经过了五六十年的征战,结束了"五胡乱华",统一了黄河流域,但仍然经常遭到北方游牧大国柔然国的南侵,战火连年不断。如《木兰诗》的开头就记录了当时朝廷的燃眉之急——征兵:"昨夜见军帖,可汗大点兵。军书十二卷,卷卷有爷名。"可见战事之急迫!在"阿爷无大儿,木兰无长兄"的情况下,花木兰暗下决心瞒着父母连夜奔赴前线。

冲锋杀敌从来都是男人的事情,如果说和女人有什么关系,无非也还是因为男人。所以我们今天见到的很多闺怨诗便是在这种情况下写成的:自己心爱的夫君在前线保家卫国,女子在家里思念自己的丈夫("可怜无定河边骨,犹是春闺梦里人"等就是最真实的写照)。当年女子不可能涉足军营,那么花木兰是怎样将自己打扮成"名副其实"的男儿的呢?这不禁让现代人惊诧不已。但我们知道这个不是我们讨论的重点,我们只知道木兰确实做到了,而且"青史留名"了!为了能保家卫国,花木兰义不容辞将女装改戎装,像真将军一般驰骋沙场。"万里赴戎机，关山度若飞。朔气传金柝，寒光照铁衣。"花木兰穿着戎装后的飒爽英姿和带兵打仗的豪迈气概在这几句诗里被表现得淋漓尽致。我们仿佛见到了那一位驰骋疆场、奋勇杀敌的的花将军！

多年后，凯旋的木兰辞谢了可汗的赏赐，也不愿在朝为官，她将荣华富贵轻轻抛下，只愿驰千里马，早日还故乡。"开我东阁门，坐我西阁床。脱我战时袍，着我旧时裳。当窗理云鬓，对镜贴花黄。出门看伙伴，伙伴皆惊忙。"（至此我和我的小伙伴们都惊呆了！）

这个过去十多年枕戈待旦的"将军"终于回到了自己的闺房。姐姐早已将镜子擦亮，还摆出了昔日的装饰首饰。木兰卸下盔甲理红妆，轻轻褪去缠裹多年的束胸，换上了美丽的衣裳。在《女驸马》中穿着男装的冯素珍被赞"貌胜潘安"，而花木兰穿了军装使得伙伴们纷纷赞叹："同行十二年，不知木兰是女郎！"是啊，这就是服装装扮的效果！

我们来看看北魏时期的军装：

由于冶铁技术的发展，魏晋南北朝时期的士兵防护服中出现了比秦汉时期更完备的钢铁铠甲。北魏时期的军装比较典型的有筒袖铠、裲裆铠及明光铠等。筒袖铠一般都用鱼鳞纹甲片或龟背纹甲片，前后连属，肩装筒袖；头戴兜鍪，顶上多饰有长缨，两侧都有护耳。裲裆铠的形制与裲裆衫比较接近，但材料则是以金属为主，也有兽皮制作的（图3-4-1）。据记载当时武卫服制有"平巾帻，紫衫，大口裤，金装裲裆甲""平巾帻，绛衫""大口裤褶，银装裲裆甲"。穿裲裆铠，除头戴兜鍪外，身上必穿裤褶，少有例外。魏晋的铠甲最普遍的形式是裲裆铠，长至膝上，腰部以上是胸背甲有的用小甲片编缀而成，有的用整块大甲片，甲身分前后两片，肩部及两侧用带系束。胸前和背后有圆护。明光铠是一种在胸背装有金属圆护的铠甲。腰束革带，下穿大口缚裤。到了北朝末年，这种铠甲使用更加广泛，并逐渐取代了裲裆铠的形制。因大多以铜铁等金属制成，并

图3-4-1　戴兜鍪、穿裲裆铠的武士

且打磨得极光,颇似镜子。在战场上穿着这样的铠甲,由于太阳的照射会发出耀眼的"明光",故又称"明光铠"(图3-4-2)。这种铠甲的样式很多,而且繁简不一,有的只是在裲裆的基础上前后各加两块圆护,有的则装有护肩、护膝,复杂的还有重护肩。身甲大多长至臀部,腰间用皮带系束(图3-4-3、图3-4-4)。

图3-4-2 戴兜鍪、穿明光铠的武将

图3-4-3 裲裆铠穿戴展示图

图3-4-4 明光铠穿戴展示图

北周将领蔡佑与北齐的军队在邙山大战时,就是穿着这种明光铠指挥作战的。蔡佑着明光铠奔击,所到之处一团亮光,使得北齐那一方的将士不知道是什么东西,吓得士兵丢盔弃甲,四散而逃。北齐营中都说"这是一个铁猛兽啊",可见当时这种铠甲还不是很普遍。一直到了南北朝后期,这种铠甲才开始普遍起来(图3-4-5~图3-4-7)。

图3-4-5　魏晋时期军戎服饰复原图

图3-4-6　南北朝武士图

图3-4-7　南北朝武士复原图

第四章
唐宋服饰

一、《簪花仕女图》

在中国源远流长的历史长河中,在我们这个受儒家思想文化影响根深蒂固的文明国度,曾经在很长的一段时间内都存在男尊女卑的思想。就像网络上的一道"神考题"——问为什么我们说"男左女右"而不是"男右女左"?在我们的日常生活中,男左女右好像约定俗成地渗透到了我们社会生活的各个方面。上公共厕所,男左女右;戴婚戒,男左女右;另外,就是去影楼拍婚纱照、夫妻二人出席某些礼仪场合等,男的往往在左边,女的往往在右边。如果颠倒了位置,就会有人笑话,说是违反了"男左女右"的习俗。于是乎各种"神回复"纷至沓来:有说女人永远都是对的(英语中的 right 既表示"对的,正确的",又有"右边"的意思);又有从阴阳角度去阐述原因的等,一时间众说纷纭,莫衷一是。其实具体原因有待商榷以及相关学者和专家的考证。但有一个说法倒是符合中国历史传统与文化,即因为人的心脏在左边,所以古人认为左为大,右为小,因此男左女右其实倒是有着男尊女卑的意味了。而纵观我国古代史倒也贴切——在我们古代的很长一段时间内,女子是不能随意抛头露面的,即使有客人来访也要回避,所以在我国也就有了"男主外,女主内"的传统。

那么,在我国古代男尊女卑的社会里,有没有一个时代女子所受传统思想的束缚较小呢?答案是肯定的,那就是唐朝(从历史上唯一一位女皇帝武则天出现在唐朝似乎也可以得到印证)。而怎样体现出女子较少地受到传统思想的束缚呢?从我们今天一个很直观的角度来观察,那就是唐朝女子所穿着的服饰了,包括从唐朝墓葬里出土的俑像,以及流传于世的绘画作品中唐朝女子的形象。

我们首先来认识一位画家——周昉。

周昉,字仲朗,京兆(今陕西西安)人,生卒年不详。《太平广记·卷第二百一十三·画四·周昉传》中记载其"画佛像真仙人物子女,皆神也""好属文,穷丹青之妙,擅画肖像,尤工仕女",而《簪花仕女图》《挥扇仕女图》等即是其代表作品。

正如鲁迅先生评价《红楼梦》时说的"读者的眼光而有种种":"经学家看见《易》,道学家看见淫,才子看见缠绵,革命家看见排满,流言家看见宫闱秘事……"一样,我们在这里主要讨论的是《簪花仕女图》这幅画中的服装。

画面中可以看到春日阳光下几位贵妇赏花游园的场景。仕女们那高髻簪花、晕淡眉目、露胸披纱、丰颐厚体的风貌,突出反映了独具特色唐仕女形象的时代特征。

这些女子形象所涉及唐代服饰品种有衫子、帔子与裙等。其中衫子是妇女穿的一种短而窄小的单上衣,因为长度较普通衫为短,故又称"半衣",入唐以后较为流行;帔子即妇女的披巾,以质地轻薄的纱为之,裁为长条,披搭于肩作为装饰,下长及地。汉魏时期已有其制,隋唐五代极为流行,尊卑均可穿用;而从画面中我们看到的这种裙通常以五幅、六幅或八幅帛拼制而成,上连于腰,其形制长短不一:短者下不及膝,一般用作衬里;长者下曳于地,多穿在外面(图4-1-1、图4-1-2)。

隋唐时期,中国由分裂而统一,由战乱而稳定,经济文化繁荣,服饰的发展除了服装样式日益丰富与多元化以外,衣料也呈现出一派空前灿烂的景象。隋唐社会中上层和殷实之家(如《簪花仕女图》中的贵妇)做衣服多用丝绸,并经多种工艺处理,主要衣料及工艺处理方法如彩锦、特种宫锦、刺绣、泥金银绘画和印染花纹等。彩锦是五色俱备织成种种花纹的丝绸,常用作半臂和衣领

图4-1-1　周昉《簪花仕女图》局部1

图4-1-2 周昉《簪花仕女图》局部2

边缘服饰；特种宫锦花纹有对雉、斗羊、翔凤、游鳞之状，章彩华丽；刺绣有五色彩绣和金银线绣；泥金银绘画，即用金粉、银粉画在衣裙材料上；印染花纹，分多色套染和单色染，多对薄质纱罗加工，争奇斗胜，使衣着、裙式、披帛式样不断翻新。相对贫困的平民百姓虽然也可以用普通的素色丝绸，但麻布类织物仍然是他们主要的衣服材料。细致观察《簪花仕女图》我们会发现，图中所示衣料质地相对轻薄，足以展现"雾里看花"的中国式性感。

　　《簪花仕女图》是目前全世界范围内唯一认定的唐代仕女画传世孤本，除了这个唯一性之外，其作品的艺术价值也很高，能代表唐代现实主义的创作风格（图4-1-3）。唐朝是中国封建社会的鼎盛时期，它兼收并蓄、博采中外，创造了瑰丽繁荣、博大自由的服饰文化，从某种意义上来说，《簪花仕女图》正是以现实主义绘画风格的高度写实性，为我们研究唐朝服装提供了一定的证据，为我们展现的是一种来自唐朝的大气、奢华与优雅。

图4-1-3 周昉《簪花仕女图》全图

二、《虢国夫人游春图》

　　张萱，生卒年不详，京兆（今陕西西安）人，唐代开元天宝间享有盛名的杰出画家，工画人物，擅绘贵族妇女、婴儿、鞍马，名冠当时。据传其所画妇女，惯用朱色晕染耳根，为其特色；在构写亭台、树木、花鸟等宫苑景物时尤以点簇笔法见长，传世作品有《捣练图》《虢国夫人游春图》等。

　　虢国夫人是唐玄宗的宠妃杨玉环的三姐，从图中我们可以看出画家在表现虢国夫人的生活奢侈、豪华方面极为精到：红裙，青袄，白巾，绿鞍，骑鞍上金缕银丝精细的绣织，都显得十分富丽。另外，夫人的体态丰姿绰约，雍容华贵，脸庞丰润，具有"态浓意远淑且真，肌理细腻骨肉匀"的神韵。

　　《虢国夫人游春图》是盛唐时贵族妇女的真实写照，一群骑马执鞭，徐徐前行的游人真实再现了一次春日出游的场景。从画中我们可以看到男子的圆领（团领）袍与女子的上襦下裙（图4-2-1～图4-2-3）。

　　圆领袍即一种有圆形衣领的长衣，长度通常在膝盖以下，汉魏以前多用于西域，有别于中原传统的交领，六朝后渐入中原。隋唐以后使用尤多，多用于官吏常服。

图4-2-1　张萱《虢国夫人游春图》局部1

图4-2-2　张萱《虢国夫人游春图》局部2

图4-2-3　张萱《虢国夫人游春图》全图

图4-2-4 陕西省乾县唐章怀太子墓壁画《观鸟捕蝉图》

上襦下裙即由短上衣加长裙组成的套装。其中襦即是上身长不过膝的短衣，一般多采用大襟，衣襟右掩，衣袖有宽窄两式。隋唐以后，其式样有所变化，除大襟之外，更多采用对襟，穿时衣襟敞开，不用纽扣，下束于裙内。与上身着襦对应，下身束裙子，为包括唐代在内的我国古代汉民族的日常衣着之一。上襦下裙之上又常搭披帛（又称"画帛"），通常用一轻薄的纱罗制成，上面印画图纹。披帛长度一般为2米以上，用时将它披搭在肩上，并盘绕于两臂之间，类似形象在陕西省乾县唐章怀太子墓壁画观鸟捕蝉图中亦可发现（图4-2-4）。

另外，再仔细观察的话，可以看到画中的女子也有穿着圆领袍的，这就说明在唐朝亦有中性化的装束。据记载，唐代女子喜欢穿男装的始作俑者就是大名鼎鼎的太平公主。《新唐书·五行志一》："高宗尝内宴，太平公主紫衫、玉带、皂罗折上巾，具纷砺七事，歌舞于帝前。帝与武后笑曰：'女子不可为武官，何为此装束？'"用我们今天的话来说，这个故事是这样的：一天，皇后武则天正陪着高宗坐在正殿上议事，忽然一位年轻人走上殿来。见那人身穿紫色战袍，腰悬玉带，头戴皂罗折上巾，身上佩戴着边官和五品以上武官的砺石（磨石）、佩刀、火石等七件饰物，以男子仪态载歌载舞到高宗面前。这时，两个人才注意到来者是他们的女儿太平公主。武则天笑着问道："女子不能做武官，我儿为什么这般打扮？"只见太平公主出人意料地指着一身男装答道："赏给我一个驸马，可以吗？"两人这才明白：女儿是想选女婿，不禁哈哈大笑起来。这种女着男装的风气自宫廷开始，后来慢慢波及民间。史称："至天宝年中，士人之妻著丈夫靴、衫、鞭、帽，内外一体也。"其形象多为头戴幞头，身穿窄袖圆领缺胯衫，腰系蹀躞带（北方游牧民族男子为随身携带小件物品而佩服的腰带，它由连接带端的带钩、皮革质的带身和从带身垂下的用于系物的小皮带蹀躞三部分组成），足着乌皮靴。

女着男装在中国长期的封建社会历史中是罕见的,或许只有博大精深、包容开放的大唐文化才赋予了其合理存在的土壤。唐代的开放说到底是人的开放,是适宜的社会环境使人的自由创造天性得以充分释放的必然结果,而这种开放与社会经济的发展、思想文化的活跃、长期的外来文化与本土习俗的交融产生共同的认同感是分不开的。唐代女性尤其是贵族女性生活在社会风气如此开化的环境中,尽管她们仍然生活在一个以男性为中心的世界里,尽管她们参与社会活动(尤其是政治活动)也并不是太多,但她们的确获得了较之以前诸多朝代多得多的接触公共场合的机会。她们不但可以参加各种民俗节日如上元节、端午节、七夕节,还可以在平时参加种种娱乐活动。长期大量地与外界接触,塑造了唐代贵族女性开放、刚强的性格,其外在表现即是女着男装现象的出现。

"何须浅碧深红色,自是花中第一流",我们甚至可以说这种独具特色的"中性化"时尚宛若唐朝服饰百花园中的一枝出墙的红杏,使本来已经色彩缤纷的唐代女装更加富有魅力,也使整个唐代顿时鲜活起来、阳刚起来了。

三、《霓裳羽衣舞》

战国时期,魏国出生的范雎做了秦国的丞相,深得秦昭王的赏识。燕国的蔡泽到秦国拜会了范雎,劝范雎急流勇退,范雎将他引荐给秦昭王后果然辞去丞相一职。司马迁感叹"衣袖长的人善于跳舞,有钱的人会做买卖啊"。其实太史公的这句感慨并不是他自己说的,而是取自于《韩非子·五蠹》:"鄙谚曰:'长袖善舞,多钱善贾。'"说到这里,我们并不是要探讨做买卖的事,而是来说说这"长袖善舞"——服饰与舞蹈的事情。

说到服饰与舞蹈双剑合璧的经典之作,就不得不提唐代最负盛名的(由皇帝谱曲)宫廷乐曲《霓裳羽衣舞》,传说《霓裳羽衣舞》是根据唐玄宗梦中所闻的月宫神曲改编的《霓裳羽衣曲》而编排的舞蹈,故而得名。

一天,唐玄宗用完御膳后,感到些许疲惫,便躺在床上休息,不一会儿就迷迷糊糊地睡着了。在梦境里,他觉得身不由己,好像腾云驾雾一般,飘然而起,来到了富丽堂皇的月宫。只见一群仙女正在嫦娥的带领下,合着仙乐,跳起了长袖舞。舞姿与乐曲分外优美动人,引得唐玄宗情不自禁地合着旋律的起伏,顺节而拍。正当他欣赏到如醉如痴的时候,忽然"轰隆"一声巨雷,把他惊醒,方知原来是一场梦。但梦中乐曲的律法和音阶的特点,早已深深地留在他的记忆中,于是他拿起御笛吹奏起来,想竭尽全力记下这首乐曲。乐曲的一、二、三乐段都记下来了,可待到转折的第四个乐段,唐玄宗怎么也无法记全,这使他几天不悦。正当他十分着急的时候,传报:"西凉的杨敬述敬献《婆罗门乐曲》。"当他展开乐谱细读时,大吃一惊,这不正是他梦寐以求的曲子吗!于是便亲自改编、润色、整理并担任指挥,组织排练,并在不断地排练中对音型、乐法进行了大胆的革新和创作,既保持了乐曲的欣赏性,又使其富有新意。

《霓裳羽衣舞》的内容和月宫仙女有关,充满了道教色彩,这里的"霓裳"是指女性衣裙;"羽衣"则是指用羽毛制成的衣服,蕴含着道教羽化成仙之意。因为唐玄宗信奉道教,十分羡慕神仙,所以《霓裳羽衣舞》从音乐、舞蹈上都力求表现虚无缥缈的仙境,而表现在服装上则是象征仙女的"羽衣"——孔雀翠衣,成为舞者的特定装束。

如果说霓裳较为虚幻的话,那么羽衣则要现实很多。据称唐代的安乐公主就有一件百鸟羽毛织成的彩衣,为旷世珍品。百鸟羽衣是由负责备办宫中衣物的机构——尚方制作的,采百鸟羽毛织成。据《新唐书·五行志》记载:"安乐公主使尚方合百鸟毛织二裙,正视为一色,旁视为一色;日中为一色,影中为一色,而百鸟之状皆见。"《资治通鉴》中也有记载:"安乐有织成裙,直钱一亿,花卉鸟兽,皆如粟粒,正视旁视,日中影中,各为一色。"这种以百鸟之羽织成百鸟之状的裙子,由安乐公主等少数几位贵族妇女发起,引发了一场流行,致使山林中的珍禽被捕杀殆尽,以至于朝廷不得不出面干预,才被禁止。

生活在社会思想解放达到巅峰阶段的唐代妇女,对那些古已有之的服装式样不以为然,她们以极大的胆略和气魄,除了前文中讲到的着男装、穿胡服外,更追求着前人不敢问津的新奇异样。作为时尚达人一族,"官二代"兼"富二代"的安乐公主所创制的"百鸟毛裙"便是一种空前绝后的尝试。但是,这位安乐公主因为制作"百鸟毛裙",引得豪门富户以至于整个社会一般家庭女子的竞相效仿，最终导致了"江、岭奇禽异兽毛羽采之殆尽"，如果放在现在也足以构成"非法猎捕、杀害珍贵、濒危野生鸟类"的罪名了吧。

四、敦煌"飞天"

"飞天"，又名香音神，是佛教中的天神。敦煌"飞天"可以说是中国古代艺术工匠最天才的创作，是世界佛学文化史上的一个奇迹。我们这里讨论的敦煌"飞天"服饰，俨然已成为今天史学家、艺术家们执著研究的奥秘。

各具特色的"飞天"，不仅反映了各个朝代人们对佛教的信仰程度，同时也反映了当时社会文化的发展状况。不论这些"飞天"是清秀丽质，还是圆润健壮，是稚拙可爱，还是灵动轻盈，他们都有一个共同的特点——巾带飞舞。中国的"飞天"，除了"飞天"本身的姿势轻柔之外，最了不起的创造就是飘带和长裙的"辅助功能"。无论是在龙门、云冈，还是在麦积山、敦煌，只要佛国中的"飞天"一踏上中原的土地，无不长巾飘飘，漫天舞动。那美不胜收的长巾飘带，仿佛飞翔的翅膀，控制着视觉的平衡，体现出中国传统审美文化所追求的意境。

敦煌作为佛教艺术的圣地，壁画中"经变画"（佛教故事画）占有相当大的比重，这些故事画虽然都是关于佛经的，但内容丰富多彩。人们在礼佛、娱佛的过程中，常伴有美妙动人的舞蹈，而"飞天"除了给我们展示它的飞天意境之外，还给我们展示了一幅歌舞升平的画面。"飞天"舞动的彩帛，飘曳的长裙，散花的手势，跳跃的姿态，简直就是古代舞蹈演员舞姿的再现。可以说"歌舞化"是敦煌"飞天"完全中国化的标志之一（图4-4-1、图4-4-2）。

图4-4-1 敦煌"飞天"1

图4-4-2 敦煌"飞天"2

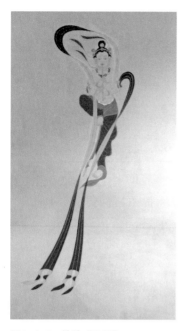

图4-4-3 敦煌"飞天"3

舞蹈以其"象"成为"言"与"意"的绝妙传达，而"飞天"形象所体现出的言与意、形与神、实与虚、技与道，则是古代舞蹈形象神来之作，这也是中华传统文化浸润的结果。

丰富多彩的敦煌莫高窟舞蹈壁画之可贵，正因为它是连绵千余年的一部形象舞蹈史，"飞天"则是其中最丰富、最生动、最美的舞蹈形象。敦煌"飞天"历经千年，展示了不同时代的民族舞蹈风格和服饰特点，尤其是他们那飘逸的彩带衣裙和那千姿百态的飞翔舞姿，使人更加流连忘返，沉醉其中。

"飞天"多为上半身裸体，下半身着长裙。因而裙装就成为"飞天"服饰的主体，其形制及变化都比上身复杂，主要有长裙、腰裙以及飘带等（图4-4-3、图4-4-4）。

长裙即裹于腰间基本长度到脚踝的裙子，里外双色面料。裙腰向下翻卷时露出里面的颜色，裙底摆处也多有裙边并与裙色不同。隋唐时期的"飞天"图像，在"飞天"的腰腹部位往往裹有一件或两件腰裙，没有前后片之分，即一块长方形布，长度较长，宽一般为包裹住臀部或者到膝盖部位。若裹一件腰裙，裙长大多及臀部，裹两件时下一层多及膝部。裙纹流畅、飘逸、贴体，面料同长裙质地，柔软飘逸。"飞天"的裙饰较少，其中运用最多的就是飘带的装饰，飘带不仅可以满足其穿着固定裙装的作用，还可以起到装饰作用。早期飘带短而直，飘动性不强，随着时代的变迁，飘带渐渐地加长并伴有丰富的变化，出现水波纹卷曲状，与长裙一起跌宕起伏，到唐代飘带长度远远超过裙子

图4-4-4 敦煌"飞天"4

长度,与帔帛交相辉映构成统一的整体。

五、古代中国时尚的"泉眼"

唐代的一切时尚都是从长安开始的。套用易中天先生的"巴比伦、雅典、耶路撒冷等都是文明的泉眼和源头"的说法,那么长安城便是唐代一切时尚文明的"泉眼",而且这个"泉眼"在汉代就已经形成——"城中好高髻,四方高一尺;城中好广眉,四方且半额;城中好大袖,四方全匹帛"便是最好的注解。这里的"城中"指的就是西汉京都长安城中,"高髻""广眉""大袖"都是汉朝时兴的妇女妆饰。而我们这里要讨论的是唐代的长安城,从服饰时尚的角度来考察,绝好地说明了长安不仅是唐朝的政治文化中心,也是时尚之都。

让我们将时光倒回唐朝,回到西安还叫长安的时候。在时间与空间的坐标上,唐朝和长安城不期而遇。如日中天的国力、血脉旺盛的生命力、八面来风的宏大气度共同绽放出一朵让后世道学家瞠目结舌的女性时尚之花。一切时尚审美标准都从这里出发,然后迅速辐射全国乃至波及海外,引领世界时尚潮流。

来看看长安的位置:位于秦岭之下,渭水之滨。远从西汉时起,就有"八水绕长安"之说,八水使长安得到灌溉,土壤肥沃,物产丰饶;河流给它带来交通运输之便,关东地区、剑南地区和江南地区的丝绸源源不断而来;秦岭茂盛如青障的森林,不仅带来了王维在诗中一再赞美的"深林""空林"景致,更带来了良好的小气候。这一切,使长安这个唐代的政治、经济、文化中心,天然地成为富庶繁华的时尚中心。唐初可以说是服饰创制时期,自隋文帝开始的"复汉魏衣冠"的服饰改革之后,历经唐太宗、高宗对服制、服式做出规定,开创了制度,一直相沿到盛唐玄宗时期。在这种对制度的沿用中,长安不断地给中国女性制定着新的时尚审美标准,从体型到服饰到化妆,甚至到生活方式。

这是一个非常注重时尚的朝代,尤其是女性更是时髦成风。关于唐朝的女性时尚,有一段著名的记载,读来令人忍俊不禁,这简直就是男人对女人不服管束、追逐时尚的抱怨和牢骚:"……风俗奢靡,不依格令,绮罗锦绣,随所好尚""上自宫掖,下至匹庶,递相仿效,贵贱无别。"(《旧唐书·舆服志》)唐朝是中国封建社会的鼎盛时期,它并蓄古今、博采中外,创造了繁荣富丽、博大自由的服饰文化,而身处其中的宫廷和上层社会妇女即贵族女性,除律令格式规定礼服之外的日常着装更是极富时代特色,引领女装潮流,出现了神秘高耸的帷帽、潇洒伶俐的胡服、轻巧袒露的薄纱衣裙等新奇大胆的装束。

长安女性讲究丰腴之美。"慢束罗裙半露胸"即是对这种体现丰腴之美装束的描绘,当然,这是中国古代女子着装中最为大胆的一种。盛唐之后,在妇女中流行过一种袒领,里面不穿内衣,袒胸脯于外,古人有诗云"粉胸半掩疑暗雪,长留白雪占胸前",便是对这种装束的赞美。这种服装恐怕是中国古代少有的"性感时装",它既表现了女性颈部之美,更突出了胸部的丰腴。由于唐代以女子体态丰腴为美,对胸部的表现就更加引人注目,这种"突出"打破了中国服饰的传统审美观念中对于人体官能的掩蔽方式(图4-5-1~图4-5-3)。

图4-5-1 内人双陆图　　图4-5-2 《宫乐图》　　图4-5-3 《宫中图》

长安女性讲究雾里看花,若隐若现。"绮罗纤缕见肌肤"(即仅以轻纱蔽体)的袒胸裙,以娇奢、雅逸的情调和对柔软温腻、动人体态的勾勒,形象地再现了唐人的审美风尚和艺术情趣,体现了唐代文化开放的特点。一个民族在满足了自己基本的生存需要之后,必然转向更高的生活需求,即追求更高质量的生活方式,唐朝国富民强,文化繁荣,人们在尽情享受生活之余,进而把对美好生活的热爱转化成为对美的赞颂和追求。

图4-5-4 《舞乐图》

图4-5-5 《弈棋仕女图》

图4-5-6 唐女俑

图4-5-7 披帛

　　长安女性讲究高腰节、穿胡服和男装(图4-5-4～图4-5-7)。

　　总体来说,长安城所引导的服饰时尚是由遮蔽而渐趋显露,在服饰花纹、妆饰上由简单而趋复杂,在服装风格上由简朴而趋奢华,在女子身材和体型上由清秀而趋丰腴。那么究竟是什么原因促成了唐代服饰包容开放、多元繁复、兼收并蓄的特点呢? 一般认为主要表现为以下三个方面:

第一,大唐是中国历史上国力比较强盛的时代,对外交流频繁,积极发展与少数民族的友好关系,进而在民族交融的过程中吸纳了各民族服饰的特点。

第二,多元文化长期渗透形成独特的社会心理,以贵族上层女子善于接受新事物,在服饰上大胆求新求变,充当着引导服饰潮流的先锋。

第三,文化思潮的多元化,亦带来了思想和信仰的自由以及社会审美情趣的变化。总体来说,是一种大气、包容、奢华、优雅的内涵在里面。

可惜,唐代妇女服饰的这种健康人性自然流露的趋势到宋代就被遏制了,因此,说明了唐代妇女服饰的解放是短暂而可贵的。唐与宋的时代交替,长安与开封之间的时尚交接,其具体内容亦发生了深刻变化。总之,唐宋之间的变化,清楚地表明不同的社会风气与精神气候,构成了服饰文化的深层内涵。

六、石榴裙的时尚

你一定听过"拜倒在石榴裙下"这句话,但这句话是怎么来的呢?

传说杨贵妃十分喜爱石榴花,特别爱穿着绣满石榴花的彩裙。唐明皇过分宠爱杨贵妃,不理朝政,因此大臣们就将这迁怒于杨贵妃,对她拒不使礼。一天唐明皇设宴召群臣共饮,并邀杨贵妃献舞助兴。可贵妃向皇上耳语道:"这些臣子大多对臣妾侧目而视,不使礼,我不愿为他们献舞。"唐明皇一听,感到宠妃受了委屈,所以立即下令所有文官武将以后见到贵妃一律使礼。众臣无奈,只能听令。从此,大臣凡见到杨贵妃身着石榴裙走来,无不下跪拜使礼。于是"拜倒在石榴裙下"的典故流传千年,至今成了耳熟能详的俗语。

唐代女性衣裙是多样的乃至出奇的,不是某一种式样所能限制的。在"百鸟毛裙"被废出局之后,又有"石榴裙"闪亮登场,这是唐代女性服装又一创造性之举。百鸟毛裙是作为宫廷贵族女子服装的代表出现的,而石榴裙则是作为平民女子服装的代表出现的,因此表现为迥然相异的两种审美境界。

其实,石榴裙并不是指绣满石榴花的彩裙。

石榴裙自然是与石榴有关。石榴原产于西域以外的波斯(今伊朗)一带,大约在公元前 2 世纪时传入我国。据晋代文人张华《博物志》记载:"汉张骞出使西域,得涂林安石国榴种以归,故名安石榴。"中国人视石榴为吉祥物,暗含多子多福,所以古人称石榴为"千房同膜,千子如一"。民间在男女婚嫁之时,常常在新房案头或者别的地方置放切开果皮、露出红籽的石榴,人们也有以石榴彼此相赠祝福安康吉祥的举止。从万楚《五日观妓》一诗中"眉黛夺将萱草色,红裙妒杀石榴花"的描写来看,石榴裙实际上就是一种近似于石榴花色的红裙。红色是一种热情奔放的色彩,也是最具丰富情感和内涵的色彩,所以具有热烈、浪漫、强烈等特点的不可抗拒的感染力。石榴裙凸现的是色彩新奇别致的效果,它象征着盛唐时期的女性们大胆、开放、奔腾不羁的内心世界,代表了唐代女子热爱生活、和自然相容的审美情趣。

石榴裙在唐代一经流行起来,就迅速引起文人们的热情关注和热烈赞颂。唐诗中所反映的石榴裙色彩艳丽、迷人的情况最为突出。李白有诗吟道"移舟木兰棹,行酒石榴裙""眉欺杨柳叶,裙妒石榴花",杜审言的诗也吟咏道"红粉青娥映楚云,桃花马上石榴裙"。万楚的《五日观妓》诗对"石榴裙"所做的精彩描绘"眉黛夺将萱草色,红裙妒杀石榴花",是唐诗中描写石榴裙最为著名的。因为石榴裙的流行,渐渐地,石榴裙就成美女的代名词,男子迷恋女子则被称为"拜倒在石榴裙下"。石榴裙成为古代年轻、漂亮女子的称谓是有着长久历史的,不只是唐代的专属服装而已。石榴裙在唐代之前和之后都对我国民族服装(主要是女性服装)产生了非常深远的影响。

原来,石榴裙即大红色女裙,因以石榴花炼染而成,故名。亦可泛指其他红裙,通常为妇女所着,多见于年轻妇女,至唐尤为盛行。五代以后曾一度冷落,至明清时再度流行,并一直沿用至近代。

七、胡服风靡的时代

贵族女性从对胡舞的喜爱发展到对充满异域风情的胡服的模仿,使得胡服在唐代迅速流行。《新唐书·五行志一》记载:"天宝初,贵游士庶好衣胡服,为豹皮帽,妇人则簪步摇钗,衩衣之制度,衿袖窄小。"

唐代女子最有特色的服饰要数胡服与女着男装,这是封建社会兴盛期服饰的一大特点,究其原因:一是社会的开放,女性着装的自由度很大;二是受西北民族及外来服装的影响;三是妇女猎奇和求异的着装心理的内在作用。胡服、女着男装这两种服装主要流行于初唐至盛唐时期,穿着者不分尊卑,有时还互为影响,或混穿于一身。

　　自汉通西域至隋唐,通过丝绸之路带来的异国风俗和文化,再一次为胸怀博大的唐代人所接纳。特别是唐朝的首都长安,音乐舞蹈的兴盛达到高峰,除继承和发扬传统舞蹈外,西域的舞蹈也在唐王朝范围内迅速普及。上层社

图4-7-1　唐代胡俑

图4-7-2　胡服美人

会的"好胡"之风引导了整个社会的审美潮流,这种风气一直蔓延到民间。"唐代长安的胡人从事不同职业,经商、开店、贸易、侍佣、戏耍的都有。大量胡人的涌入,带来了他们的文化,一时间长安城内毳毛腥膻,胡气氤氲。"早在唐朝,拥有百万人口的古都长安,有两大著名的商业中心——东市和西市,据说汉语口语里把购买商品称作"买东西"就是由此而来的。而来自西域的乐舞,急转如风、威武雄健,还有赏心悦目的舞蹈服装,"胡酒""胡舞""胡乐""胡服"成为当时盛极一时的长安风尚。其中"胡服"是古代诸夏汉人对西方和北方各族胡人所穿的服装的总称,即塞外民族西戎和东胡的服装,与当时中原地区宽大博带式的汉族服饰,有较大差异。后亦泛称汉服以外的外族服装为胡服。胡服一般多穿贴身短衣,长裤和革靴,衣身紧窄,活动便利(图4-7-1、图4-7-2)。

　　作为唐代服饰的舶来品,胡服的主要特征是简洁、方便。如头戴锦绣浑脱帽,身穿翻领窄袖锦边袍,下穿条纹小口裤,脚穿透空软锦

靴,腰间有若干条小带垂下,这种带子叫蹀躞带,原来也是北方游牧民族的装束。唐代女子穿着胡服所展示出的矫健骁勇的阳刚之美,为本来绚丽的唐代妇女服饰又增添了一笔别样的色彩。

天宝年间,官民均穿紧身胡服进行社交活动,士大夫的妻子们索性穿起丈夫的胡服招摇过市。据《旧唐书·舆服志》记载,当时女子"或有着丈夫衣服、靴、衫,而尊卑内外,斯一贯矣";《旧唐书·舆服志》亦记载曰:"宫人从驾,皆胡帽乘马,海内效之,至露髻驰骋,而帷帽亦废,而衣男子衣而靴,如奚、契丹之服。"所以,唐代女子除了著"丈夫衣服靴衫"之外,还喜欢"女穿胡服",即"唐代女子衣着偏好胡装,身穿紧腰胡装,足登小皮靴,朱唇赭颊,是时尚的打扮。"这是当时的人们"慕胡俗、施胡妆、用胡器、进胡食、好胡乐、喜胡舞、迷胡戏、胡风流行朝野,弥漫天下"的重要组成部分。其具体形制可以从唐代胡人俑像中略见一斑:梳辫盘髻、卷发髯、高尖蕃帽、翻领衣袍、小袖细衫、尖勾锦靴、葡萄飘带、玉石腰带等等,都在相关陶俑塑刻中表现得淋漓尽致。时尚是社会变化的缩影,服装的流行趋势随着社会在不停地变化,胡人服装对汉人的影响肯定是这一时期胡人进入中原社会后的融入结果(图 4-7-3、图 4-7-4)。

图4-7-3 戴风帽的骑马俑和戴帷帽的骑马俑1

服装是社会政治气候的晴雨表。唐代是中国封建社会的鼎盛时期,尤其是贞观、开元年间,政治气候宽松,人们安居乐业。唐朝的京师长安,是当时政治、经济、文化的中心,同时也是东西文化交流的中心。服装文化有输出,也有输入。尤其是对异国衣冠服饰的兼收并蓄,更加使唐朝服饰的奇葩盛开得更加鲜艳。

图4-7-4 戴风帽的骑马俑和戴帷帽的骑马俑2

八、游子身上衣

从养蚕栽棉到纺纱织布,穿针引线到缝衣置服,是人类文明的一大进步。在五千年的中华民族文明史中,纺织和服饰是两朵绮丽夺目的奇异之花,所以,与之密切相关的女红的历史应该是很悠久了。在漫长的农业社会中,华夏民族不仅树立了以农为本的思想,同时也形成了男耕女织的传统,女子从小学习纺纱织布、描花刺绣、裁衣缝纫等女红。社会对于女性的要求、夫家对于择妻的标准,都以"德、言、容、工"等四个方面来衡量之,其中的"工"即为女红。再加上当时手工业高度发展,女红在这个时期才从普遍意义上广泛流行起来。作为与人们日常生活密切相关的女红,在古代的艺术作品中亦有所反映。

唐朝诗人孟郊的《游子吟》云:"慈母手中线,游子身上衣。临行密密缝,意恐迟迟归。谁言寸草心,报得三春晖。"这首千百年来被人们用来勉励自己的好诗,同时也描述了慈母为儿子缝衣纳衫做女红的画面。同是唐代的另一位诗人秦韬玉,则用一首《贫女》诗,把一位擅长针黹的巧手贫家女的闺怨刻画得淋漓尽致,同时还抒发了诗人怀才不遇的情感:"蓬门未识绮罗香,拟托良媒益自伤。谁爱风流高格调,共怜时世俭梳妆。敢将十指夸针巧,不把双眉斗画长。苦恨年年压金线,为他人作嫁衣裳!"

最生动展示的小说则是《金瓶梅》,其中数十次提及女红,略举二例。在第一回中,王婆请潘金莲帮她做衣服,细表为:"妇人量了长短,裁剪完毕,就动手缝制起来。婆子看了,口里不住喝彩道:'好手工!老身活了六七十也不多见过这样好的针线活!'"在第十七回中又有:"金莲道:'我要做一双大红缎子平底鞋,鞋尖上绣个鹦鹉摘桃。'李瓶儿道:'我有一大块大红十样锦缎子,也照姐姐的鞋样描一双,我做高底的。'于是也取回针线筐,两个在一块做起了鞋。"而在《金瓶梅》中作为职业裁缝代表的"赵裁缝"却较少被提及,只有做寿衣等少数几次,连西门庆家这样一个大户人家都如此,说明了古代社会中家庭女红所占份额远远超出了职业裁缝。

在绘画中反映女红图景的作品,最早可追溯到唐代画家张萱的《捣练图》;

再有河北井陉县出土的金代墓室中的粉绘《捣练图》等。它们分别再现了宫廷和民间的女红场景(图4-6-1～图4-6-3)。

图4-6-1 张萱《捣练图》局部1

图4-6-2 张萱《捣练图》局部2

图4-6-3 张萱《捣练图》全图

其实,作为中国传统文化的一部分,作为女红文化的载体,女红自有她独特的魅力。毕竟她伴随人类文明也有几千年的历史了,而且与人们的日常生活密不可分,与各地的民族习俗紧密相连,与深厚的社会文化一脉相承。中国是世界上最古老的农业文明国家之一,数千年间"男耕女织"的社会形态造就了人民衣食的生活基础。包括纺织在内的女红,对辉煌的华夏文明起了默默的推动作用(图4-6-4)。

在中国,四五十岁以上的人,小时候大都穿过自己母亲亲手做的布鞋。全家人穿旧的衣服裤子不能丢掉,而是撕成一片片的布,用糨糊一层一层裱糊在一块木板上,干了之后,会自然从木板上脱开——按照鞋样进行画线剪下,

图4-6-4 纺纱图

就成了鞋底的主体部分,即俗称的"千层底"。然后,母亲就开始千锥万线地纳鞋底了。几个女人围在一起,边纳鞋底边聊家常。到了晚上,做母亲的还在昏黄的煤油灯下纳鞋底,只见她来来回回地扎线拉线,每次线拉到头后都要把线在手上绕两圈,用力再紧一紧。在整个做鞋的过程中,做母亲的会不断把鞋底和鞋帮在孩子的脚上反复比量,多次修改(一种充满感情的"高级定制"!)。所以最能体现千针万线慈母爱的也许便是这双布鞋了吧。

近代民俗学者对世代母女传承的技艺产生了莫大研究兴趣,对于这些充满生命热忱、毫无功利意图的技艺表现,学者称之为"母亲的艺术"或者"母体艺术"。母体艺术以其淳美风格哺育了其他上层艺术,进而造就我们的民族文化具备"母型"特质。

九、缠足风尚

与汉唐相对开放、外向和热烈的文化类型不同,宋代的文化类型是相对封闭、内向和淡雅的。宋人缺少了汉唐那种立马横刀、威凌八荒的民族自信,转而对人生意义、宇宙秩序,以及历史文化的发展上,追求理性的思考和伦理的自觉。这种心理转变在服饰上反映得更为明显,整个社会都主张服饰不应过分奢华,而应当崇尚简朴,尤其是妇女服饰更不应奢华。

据载有一说缠足之风始于五代,盛行于宋代,在当时开始漫长的束缚女性的裹小脚陋习,当时"三寸金莲"成为判别女性标致的社会风气及约定俗成。为了更加充分地表现出女性的柔弱,女子除了减脂轻身外,不惜以扭曲摧残自己的身体,以达到柔弱之美,这种做法最极端地体现在缠足上。从有关于缠足的文字记载的北宋时期和有相关出土文物的南宋时期算起,这一缠至少就是一千多年。家长们明知这是一个惨痛的过程，但为了孩子的前途，只能"痛并快乐着"地代代相传。为了人前显贵，就要人后受罪。这是心理愉悦与生理愉悦的矛盾，结果当然是"人前"战胜了"人后"。

据载，这桩公案是被称为"词帝"的南唐后主李煜一手造成的。李煜在位时，终日沉湎于声色逸乐，经常派人到各地选美。被选中的妇女一旦入宫，面对后宫无数女人的争宠（我们从宫廷戏中见过太多），唯一的出路便是千方百计博取君王的宠幸。于是，有的擅长弹奏绝技，有的工于写一手好字，还有的善念佛经，都各自获得了李煜的垂青。当时，有个名字叫窅娘（据说因身怀混血而得名）的宫女，既不会吹拉弹唱，又不会书画吟咏，更不会佛事诵经，终日只好幽居深宫，过着悲切凄凉的日子。经过一番冥思苦想，她终于想出了一个办法，她不惜肉体的痛苦，用长长的绢帛把两只脚紧紧地裹起来，常年如此，直到一双脚变成了畸形。然后，她又穿上浅色的袜子练习舞蹈。畸形脚跳起舞来疼痛难忍，不得不东倒西歪。窅娘竟从中悟出一个道理：这样跳舞岂不更能显示身姿的轻盈吗？

果然，功夫不负有心人，有一天观舞时，李后主终于发现，在众多的舞女中，有一人的舞姿特别与众不同，显得格外娇美。只见那位舞女如莲花凌波，舞步蹁跹，俯仰摇曳之间，美态动人。当他明白其中缘由后，更是高兴，还专门给这双小脚取了个"美名"，唤作"三寸金莲"。

于是在民间，为了将来能找到一个好婆家，一般五六岁的女童就开始缠足。缠足是用 5 尺长 2 寸宽的布条紧紧缠在女童的足上，把足背及四指下屈，压在足心，女童疼痛难忍，泪如雨下，甚至鲜血淋漓，但即便如此父母也不会怜惜，长大后双足变形成弓形，脚长以 2 寸为佳，真所谓"小脚一双，眼泪一缸"。而就是这样一双饱含艰辛泪水的小脚，却使无数男性为之癫狂折腰，备受社会推崇，社会上一度甚至出现了"妓鞋行酒"的现象，此现象由元兴起，延续至宋。明沈德符《万历野获编》记："隆庆中，云间何元朗觅得南院王赛玉红鞋，每出以觞客，坐中，多因之酩酊。"

缠足女子所穿之鞋的鞋形似翘首的鸟头，鞋底为木质，弯曲如弓，故称"弓鞋"。

图4-9-1 三寸金莲

早在五代毛熙震《浣溪沙》就已经出现"弓"字："捧心无语步香阶，缓移弓底绣罗鞋。"然而那时的弓鞋并非是后来缠足者所穿的弓鞋，两者的形制具有很大区别：缠足风俗刚兴起之时，女性缠足只是追求脚的纤直，弓鞋只是比普通鞋履更窄更细，这时的"弯弓"表现在弓鞋沿袭鞋履旧制时所保留的鞋翘之上；缠足风俗进入"三寸金莲"时期以后，女性缠足方法的变更使得真正意义上的弯曲鞋底得以出现，从而逐渐演变成近代弓鞋的形制。这也致使弓鞋成为了缠足女性所穿鞋履的专用名词，正如清代徐珂《清稗类钞·服饰》所言："弓鞋，缠足女子之鞋也。"（图4-9-1）

我国古代鞋子大多都鞋头上翘，称"翘头履"。这也使得鞋翘成为了中国古代鞋型中最典型的特征。鞋翘作为最早出现的弓鞋的"弯弓"的主要表现形式，随着缠足风俗的发展，一直在变化。

北宋时，缠足风俗处于"纤直的小脚"时期，缠足弓鞋鞋底均为平底，颜色与绣花都相对平淡，弓鞋最显著的特点仅在于鞋翘。这时的弓鞋鞋翘沿袭着以往的鞋翘式样，表现得特别明显。浙江省兰溪密山南麓宋潘慈明夫妇墓出土的翘头弓鞋，南宋墓出土的尖足银鞋鞋翘高达 7 至 8 厘米。随着缠足风俗的普遍，缠足从"纤直小脚"时期过渡到"三寸金莲"时期，弓鞋的形制开始朝着多样化发展，鞋翘的夸张及被重视的程度越来越小。江苏泰州明代刘湘夫妇合葬墓出土的花缎凤首尖足鞋，长 20 厘米、帮高 5 厘米、鞋尖上翘；南昌明代宁靖王夫人吴氏墓出土的缎面弓鞋，长 20.5 厘米、宽 6.5 厘米、鞋头高翘达 7 厘米。但是这两明代双出土实物与前面所提到的南宋出土实物有所不同，由于鞋翘的高度是按鞋底量至鞋尖最高点计算，即由鞋帮的高度加上翘头的高度。南宋出土实物由于鞋帮较低，翘头高度特别明显，而明代出土的尖足银鞋鞋帮高度较高，翘头的弧度就不明显。

此后,"三寸金莲"发展到极致,高底弓鞋亦进入鼎盛时期,人们又把焦点更多地放在了弓鞋鞋底与鞋帮绣花的制作上。鞋底的形状常见有平底、弓底和高跟等。鞋帮上的刺绣更是娇艳(图4-9-2～图4-9-5)。至此弓鞋的整体形制已发展得十分完备,一直流行至晚清民国时期。至20世纪民国政府颁布"放足令"后又坚持了一段时间,缠足陋习才从我国女性生活中完全消失。

图4-9-2 后世的弓鞋

图4-9-3 后世的弓鞋

图4-9-4 后世的弓鞋

图4-9-5 后世的弓鞋

十、虎头鞋的来历

以老虎为形象的虎头鞋,是我国民间儿童服饰中比较典型的一种童鞋样式。它与虎头帽、虎围嘴、虎面肚兜等成为儿童服装中重要的组成部分,具有鲜明的特色,这些以虎为形象的儿童服饰寓意深远,深受中国传统虎文化因素的影响。"虎头鞋"也叫"猫头鞋",取其造型别致、比猫画虎之意(图4-10-1、图4-10-2)。"虎头鞋"的历史已无法准确考证,各地有各地的说法,这里主要采用一个流传比较广的说法。

图4-10-1　民间虎头鞋1

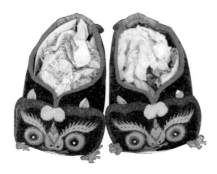

图4-10-2　民间虎头鞋2

在很久很久以前,村子里有一户人家的妇人心灵手巧,最擅长刺绣。据传她绣的鱼见水就能游,绣的花能引来蜜蜂、蝴蝶。有了这样的巧手母亲,这家的孩子自然就穿得与众不同了。有一天夜里,突然来了一个专门吃小孩的妖怪,抓走了村子里的许多小孩。待到人们惊魂稍定之后才发现,全村只有这户人家的小孩安然无恙,而当人们百思不得其解的时候,有人发觉了其中的秘密,那就是孩子脚上穿着的一双"虎头鞋"!因为是小孩母亲刚刚绣好的,所以愈发显得新鲜好看,孩子便说什么也不肯脱了,就连睡觉也要穿着睡。因此,村子里人们便认定是这双"虎头鞋"的"威力"救了孩子。所以从那时开始便人人仿效,一直流传到了今天。后来人们甚至发明了一系列的虎头帽、虎头围嘴、虎头围裙等。

不管这个传说是否属实,反正从我们的爷爷和爷爷的爷爷那会儿,从我们的奶奶和奶奶的奶奶那时候,北方地区农村的大多数小孩都穿过"虎头鞋"。相传,谁家的娃娃只要穿上鞋底宽大的"虎头鞋",不仅易于快速学会走路,穿着舒适外,而且还有"驱病""辟邪",能"成人"之说哩。直到今天,"虎头鞋"在中国的一些地区还是代代相传,长穿不衰,而且随着时代的发展,时不时穿出个花样来。从农村到城市,从内地到大西北,谁家添个宝宝,做姥姥的送上几双"虎头鞋"是万万不可缺少的,以希望孩子身体强壮且成人后像虎一样威风,另一个是让虎做孩子的保护神,防止外来邪魔恶鬼侵扰,以此来表达老一辈对娃娃们的期盼、祝福与美好的愿景。

由于老虎是驱邪避灾、平安吉祥的象征,它寄托着人们对美好生活的向往与追求，所以除了虎头鞋以外，还有虎头帽（图4-10-3、图4-10-4）、虎头围嘴、虎头鞋垫等。其中虎头鞋和虎头帽较为常见。

虎头鞋和虎头帽的制作布料，最初是家织土布，到后来扩展为绸缎、条绒等多种布料，变化多端。

制作工艺上来说，虎头帽较为简单。制作虎头帽时，先要选定布料，按照一定的规格、尺寸剪开，然后用丝线缝制起来，即是一顶普通的帽子，一个像小披风式的物什。接着，在帽顶上用各色丝线绣出眼睛、眉毛、鼻子、嘴巴，一顶栩栩如生的虎头帽就做成了。如果在帽里附上一层布料，

图4-10-3　民间虎头帽1

图4-10-4　民间虎头帽2

就是有里子的虎头帽，这两种虎头帽统称单帽，多在春秋时戴；如果在表、里之间再絮一层棉花，就是棉虎头帽。

虎头鞋的做工相对复杂。一双地道的"虎头鞋"，必须全部用手工缝制。其主要工序为打袼褙、做鞋底、做鞋帮。其中关键在于鞋脸的造型设计和各种彩线的使用搭配，一双鞋之所以是"虎头鞋"而不是别的什么鞋，以及判断一双"虎头鞋"的好看与否，全在于此了。打袼褙，就是把旧破布一层层的用浆子粘起来，晾干后备用。袼褙打好后就根据鞋样子剪下来做鞋底和鞋帮的内衬。鞋帮做妥后，就另找块布剪成虎头的样子，在上面绣上眼、嘴、鼻子和胡须等，镶在鞋帮的前面，两边再用红布缝个小耳朵。鞋的后边另缀块布作为尾巴，也正好当成提鞋的工具。鞋面的颜色以红、黄为主，虎嘴、眉毛、鼻、眼等处常采用粗线条勾勒，夸张地表现虎的威猛。制作虎头鞋时，还常用兔毛将鞋口、虎耳、虎眼等镶边，红、黄、白间杂，轮廓清晰。

如果以虎头样式作为专题，那将是一个美不胜收的艺术系列。为新生命

制作的肚兜,或是姥姥舅家为外甥制作的庆生礼品,都是对新生命最直接的佑护与赞颂。虎头鞋、虎头帽、虎形围嘴、肚兜与各种神灵的护生用具,构成了围绕生命主题的配套艺术表现,在民间艺术中形成了一个特殊的领域,蕴含了中国老百姓自古以来"佑福祛祸"的观念。

在我国中原地区的很多城乡一带,在一到二岁的娃娃们中间,至今仍然流行穿"虎头鞋"。而且在我国的很多地方,每当小孩周岁之时,小孩的长辈需要给小孩做"虎头帽"与"虎头鞋",这甚至升华为一种不可或缺的礼俗。而随着现代年轻人思想观念的转变,如今虎头帽、虎头鞋这门极具民族传统与乡土气息的民间手工艺正在渐渐淡出我们的视野。用著名导演贾樟柯的话说:"密集工业化生产的背后,我看到了情感的凋敝。"对于"虎头鞋"来说,是否也可以用这句话来做一番注解呢?

十一、《清明上河图》

张择端的《清明上河图》以精致的工笔记录了北宋末叶、徽宗时代首都汴京(今开封)郊区和城内汴河两岸的建筑和民生。作品以长卷形式,采用散点透视的构图法,将繁杂的景物与五百多个衣着不同、神情各异的人物形象纳入统一而富于变化的画面之中。

《清明上河图》是一幅描写北宋汴京城一角的现实主义的风俗画,它的现实主义特征使其成为今日观照宋代服饰的重要依据。(图 4-11-1 ~ 图 4-11-3)。

图中可以看到宋代男子一般着襦、袄。其长度通常至膝,有夹里,有时还填有棉絮。事实上襦与袄几乎没有区别,后来干脆就都称之为袄了。宋代劳动人民的主要日常衣着就是袄。宋人小说中的"郡小吏"常常"冬夏一布襦",这里的"布襦"也就是袄。周锡保先生说,靖康之乱时,有钱人都拿自己的绫罗绸缎去换老百姓的布袄,以躲避金人的掳虐,反过来证明了袄是公认的宋代平民服饰。

宋人常服　另有短褐。这是粗布或者麻布制作的服装,相对粗糙,也是劳动人民服用居多。其衣身相对窄小,衣袖也较为平直窄小,因此实用机能反

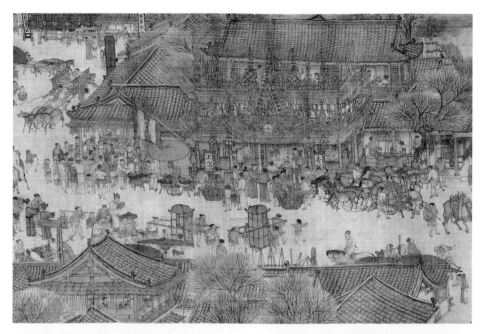

图4-11-1 张择端《清明上河图》局部1

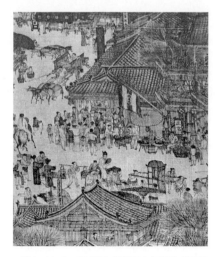

图4-11-2 张择端《清明上河图》局部2

图4-11-3 张择端《清明上河图》局部3

而较强,适合在生产劳动第一线者从事劳作。

宋代服饰 还有衫与凉衫。宋代的衫是指没有袖头的上衣,作为内衣与外套均可。作为内衣时略短小,作为外套长一些。衫在宋代另有凉衫、白衫等名称,因为其常常披在外面,颜色又以白色居多。《清明上河图》中女子戴

图4-11-4　张择端《清明上河图》局部4　　　　　图4-11-5　张择端《清明上河图》局部5

帷帽乘驴者,披的就是凉衫(图4-11-4、图4-11-5)。

　　常言道,穿衣戴帽,各有所好。现在的人穿衣服很随便,没有什么条条框框的限制,既可以穿名牌,着正装;也可以穿休闲,玩混搭。但是在宋代,穿衣戴帽绝不是一件简单的事,它是"礼"的一部分,不仅要看身份,还要分场合,甚至连服装的佩饰也有严格的规范。

图4-11-6　佚名《歌乐图卷》

　　据《东京梦华录》记载,宋朝各行各业都有自己的"制服":"其士农工商,诸行百户,衣装各有本色,不敢越外。谓如香铺裹香人,即顶帽披背。质库掌事,即着皂衫角带,不顶帽之类。街市行人,便认得是何色目。"这段话的意思就是说,按照规定,民间各行各业都有着装的要求,不能乱了。比如,香铺裹香的伙计,应戴一种有长披背的帽子;典押行的掌柜,得穿特制的马甲,系角带,不准戴帽子等。这样一来,外人一看就知道他是干什么的了(图4-11-6～图4-11-8)。

宋代平民服饰不但由朝廷明确规定了服色、装饰、衣料等等方面的禁忌，而且详细规定了各行各业的服饰，不可逾越。贫民服饰与贵族服饰有着天壤之别，其中《清明上河图》就能很好地说明这一点。从图中可以看出，凡是体力劳动者，都是衣短不及膝盖，或者刚刚过膝，头巾也较随便，甚至有椎髻露顶者，脚下一般穿麻鞋或者草鞋。

图4-11-7 刘松年《斗茶图》

宋代程朱理学的"禁欲主义"使得对于各种欲望的社会控制力量也逐步加强，抑制自我欲望、注重道德修养的风气很大程度上影响到了服饰。宋代主张

图4-11-8 李唐《村医图》

服饰不应过分奢华，而应崇尚简朴，进而导致宋代服饰式样变化不大，颜色由鲜艳走向平淡，整体风格上呈现出拘谨与质朴的趋向。

十二、《冬日婴戏图》

我国历史上没有童装，有的只是小衫、小袄等成人服装的缩小板，从严格的意义上讲，这种服装能否叫童装令人生疑。我国童装是从 20 世纪 30 年代洋童装进入国内以后，伴随着近代服饰发展史而诞生的，是中外服饰文化交融的产物。那么，在 20 世纪 30 年代之前我国的孩子们穿什么呢？

或许，《冬日婴戏图》可以给予部分解答。

画家苏汉臣为北宋宣和画院待诏（官名，待命供奉内廷的人），南渡后又复职，任承信郎（官名）。擅画佛道、仕女，尤精儿童，《冬日戏婴图》便是其代表作。

此轴描绘了两个儿童在花下嬉戏的情景：初冬的庭园，假山旁山茶与蜀葵、野草盛开,两个满脸稚气的小孩在与顽皮的小猫嬉戏玩闹,舞动手中旗杆。男童正俏皮地斜睨一瞥,全神贯注注意着猫的动向,沉浸其中;旁边头梳发卷的女孩应该是他的姐姐,正用手指轻轻阻挡着,以防男童行动,一边还举着旗杆,故作老成的动作却不由让人开怀一笑。

其中男童上着两件直领对襟褂,里长外短;均有朱红沿领襟镶滚,里窄外宽,两前襟之间系带相连,下身穿着裤与双梁鞋。其姐姐的服饰为交领大襟袍,连袖直身,沿领、襟、摆与袖口均有阔边镶滚,形制属于传统样式,透过衣领还能隐约可见其里面穿着的小衣(图4-12-1、图4-12-2)。

图4-12-1 苏汉臣《冬日婴戏图》局部　　图4-12-2 苏汉臣《冬日婴戏图》全图

宋代在百姓服饰穿着上做出很多规定和限制,如对儿童服饰不加制约,多彩活跃的童装成为宋代服装的亮点。童装的特色是上丰下俭;上衣款式繁多,有襟袄、长襦、短衫、带衩、褙子等,褙子又分长袖、半袖、无袖。下裳以裤为主,女童也着裙。童服面料有丝绸、棉帛、麻纺等,这些童装形制与当时成人服装形制极为相似(图4-12-3~图4-12-5)。

图4-12-3 苏汉臣《秋庭婴戏图》　　图4-12-4 苏汉臣《长春百子图卷》局部　　图4-12-5 苏汉臣《长春百子图卷》局部

　　在我国古代,这种以"婴戏图"或曰"戏婴图"作为题材的绘画作品较为普遍,是中国人物画的一种。因为以小孩为主要绘画对象,且以表现童真为主要目的,所以画面丰富,形态生动有趣。(图4-12-6、图4-12-7)画面上的儿童或玩耍,或嬉戏,千姿百态,妙趣横生。还有和生肖图案、各种吉祥器物、儿童游戏结合的,均象征着多子多福,生活美满。百多个幼童济济一堂的画面,则寓意着连生贵子、五子登科、百子千孙的美好寓意。

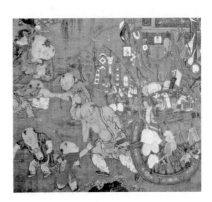

图4-12-6 苏汉臣《货郎图》　　　　　　图4-12-7 苏汉臣《货郎图》

第五章
明清服饰

一、苏意犯人

薛冈《天爵堂文集笔余·卷一》记载了这样一段趣事:时有一人刚到杭州上任做官,笞打一个身穿窄袜浅鞋(属"奇装异服",亦属当时的一种时尚穿着打扮)的犯人,枷号示众。一时想不出如何书封才好,灵机一动,写上"苏意犯人"四个大字,一时传为笑谈。

苏意的"苏"是指苏州。今天的苏州在时尚圈的地位一般,但是在明清时期,苏州的地位相当于今天的上海。明人文震亨在《长物志》中明确指出苏州的服饰"领袖海内风气",清人徐珂则在他的《清稗类钞》中这样来打比方:"顺康时,妇女妆饰,以苏州为最好,犹欧洲各国之巴黎也。"或者可以说,恰恰是近代上海一方面引进了西方的时尚,另一方面也继承了当年苏州的衣钵,才成就了今天的上海。

据说,明代的苏州人聪慧好古,操持着全国各地城市的流行风尚,当时流行两个新名词,这就是"苏样"和我们开篇说到的"苏意"。凡物式样新鲜离奇,一概可称为"苏样";见到别的稀奇鲜见之物,也可称为"苏意"。这说明苏州是当时全国的风向标:但凡苏州人说好,大家便群起效仿、追捧;苏州人说过时了,全国人便弃之犹恐不及。另外,在明代还经常出现"苏作""姑苏作"等工艺美术制作及技艺的指称和"苏铸""苏绣""吴扇""吴帧""吴笔砚"等以苏州冠名的工艺美术品名。"破虽破,苏州货",没有底气谁好意思这么说。

"苏意"是侧重"苏样"意象的一种提法。明代文震孟《姑苏名贤小记·小序》亦言:"当世言苏人,则薄之至用相排调,一切轻薄浮靡之习,咸笑指为'苏意',就是'做人透骨时样'。"不仅如此,在当时,一切稀奇鲜见的事物,也径称为"苏意"。而明人吴从先在其《小窗自纪》中所言"苏意",又持指一种生活方式,"焚香煮茗,从来清课,至于今讹曰'苏意'。天下无不焚之煮之,独以意归苏,以苏非着意于此,则以此写意耳。"总之,正如有的学者所论,所谓的"苏样",就是苏州人生活中累积的文化样本,而此"苏样"所具体呈现出来的生活态度、行为,则被指目为"苏意"。

那么,"苏意"服饰具体指的是怎样的一种服饰呢?或许我们可以从几个关键词中找到答案:

第一,小而精。

小,小到极致就是苏州网师园里的"一步桥",真的一步就可以跨过去的桥;但是小不怕,可以借景,比如拙政园就借了"双塔"。

精,精到。精打细算,惜"料"如金。"苏作"红木家具与"广作"相比,一个重要的特点就是用料少(因为红木都是从南洋运来,广州捷足先登,到苏州所剩无几)。但正因为用料紧张,所以"苏作"就在精雕细刻上下足了功夫。服装也是如此(图5-1-1、图5-1-2)。

图5-1-1 后世的"苏样"1

图5-1-2 后世的"苏样"2

苏绣甚是有名,但在服饰上用得还不如北方多。北方的民间服饰中刺绣很多,但是精细的不多。苏绣不常用,但一旦用了,就要在精细的前提下用,而不敢滥用。同样,衣服上的一道道滚边,也是一样要做得精细——真的是细,所以不是"细香滚"就是"韭菜边"。可以说"苏意"的本质是精致的生活。

第二,新奇。

据冯梦龙描绘,明后期士子常常是:"头戴一顶时样绝纱巾,身穿银红吴绫道袍,里边绣花白领袄儿,脚下白绞袜,大红鞋,手中执一柄书画扇子。"

　　这在当时就是一种新奇的装束。这种新奇体现了一种敢为天下之先的弄潮儿精神,哪怕这种"苏意犯人"式的新奇在始创之初往往不被常人接受。这反映了流行传播的一个特质,即流行总是由点到面、由少数到多数的,而苏州人就是这个"少数",苏州就是这个"点"(图5-1-3、图5-1-4)。这一点在整个中华民族的民族气质中显得尤为宝贵。

图5-1-3　后世的"苏样"3　　　　　　图5-1-4　后世的"苏样"4

　　苏式"新奇"的另外一点是喜欢将新意表现于寻常之中,即所谓"平中求奇",甚至于它的新意也是需要"品"的,一旦"品"出来了,就像是恋爱的双方对上了眼——就一见钟情了,就难以割舍了。

　　第三,"粉墙黛瓦"。

　　"粉墙黛瓦"的本意是说苏州人盖的房子颜色很素。白的墙黑的瓦,不素才怪。而要从色彩上来认识"苏意"的话,"粉墙黛瓦"倒是一个十分恰当的概括。

　　再衍生到服装上,不是指一种或几种具体的颜色,而应当是指一种总体的色调。这种色调相对素净,纯度相对较低,这一点与中华民族古代的色彩思想不完全一致——"正色贵,间色贱",是说纯度高的颜色高贵,所谓"大红大紫";但苏州大家小姐的衣服色彩却走淡雅路线,用巴黎的时尚话语叫"高级灰"，用张爱玲的文学话语叫"叫不出名字的颜色"。即使在月白、雪青、水绿等素净颜色上绣花的话，居然还是绣的元色（图5-1-5、图5-1-6）！她们是那样吝啬地对待每一个色相，那样矜持地对待每一个级别的色饱和度……那么她们追求的是什么呢？她们追求的是一种极致的生活，其实这种生活的每一个局部与每一个环节都是精益求精，但是在表面上却不过于张扬，情愿"宁朴无巧，宁俭无俗"，这也是"苏意"的另一个本质。

图5-1-5　后世的"苏样"5　　　　　　图5-1-6　后世的"苏样"6

二、戚继光与蟒袍

戚继光出生于明朝中叶嘉靖年间，当时东南沿海的倭患十分严重，北部也经常受到蒙古的侵扰。明朝建立时，日本倭寇不时侵扰中国沿海，到嘉靖时期由于明政府停止对日贸易，倭患的严重患乱达到顶峰。

嘉靖三十九年三月，戚继光由浙江都司参将调任独镇一方的分守台（州）、金（华）、严（州）等处地方参将。他根据该地三面阻山、一面临海的情况，做出以陆战为主、兼用水战的决策，并制造战船，加强海上防务。嘉靖四十年四月，16艘倭船由象山至奉化西凤岭登陆，戚继光在台州、海门配备必要兵力，另派水师至宁海外洋伏击，并请宁海驻军水陆会剿。自己则亲率主力前往宁海，挥师南下，于二十七日中午赶到台州城外，"五战五胜，二路共斩首三百八级，生擒巨酋二浮，其漂溺无算"（详见《戚少保年谱耆编·卷二》）。倭寇趁雨西窜，欲经仙居改袭处州（今浙江丽水）。戚继光率兵急趋上峰岭，设伏截击，"三战三捷,计斩首三百四十四级,生擒五酋"(同上)。不久,戚家军又取得长沙(今浙江温岭市东南)大捷。经过一个月的战斗,戚家军九战九捷,彻底消灭了侵犯台州的倭寇。

戚继光抗击倭寇为国家安定与海防安全作出了突出贡献,朝廷以示嘉许,赐之以"蟒衣",又称蟒袍。(与之类似的尚有飞鱼服、斗牛服,其实"牛""鱼"亦类似蟒形,皆为较尊贵的赐服。)

蟒袍,又被称为花衣,因袍上绣有蟒纹(蟒形似龙)而得名。蟒袍与皇帝所穿的龙衮服相似,本不在官服之列,而是明朝内使监宦官、宰辅蒙恩特赏的赐服,获得这类赐服被认为是极大的荣宠。明代的蟒形仅比龙少一爪,故蟒袍非经皇帝特赐不得穿用。明沈德符《万历野获编·补遗·卷二》说:"蟒衣,如象(像)龙之服,与至尊所御袍相肖,但减一爪耳。……凡有庆典,百官皆蟒服,于此时日之内,谓之花衣期。"其服装特点是大襟、斜领、袖子宽松,前襟的腰际横有一铐,下打满裥。所绣纹样,除胸前、后背两组之外,还分布在肩袖的上端及腰下(一横条)。左右肋下还各缝一条本色制成的宽边,当时称为"摆"。据《明史·舆服志》记载:正德十三年,"赐群臣大红贮丝罗纱各一。其服色,一品斗牛,二品飞鱼,三品蟒,四、五品麒麟,六七品虎、彪……"。《明史·舆服志》记内使官服,说永乐以后"宦官在帝左右必蟒服,……绣蟒于左右,系以鸾带。……次则飞鱼……单蟒面皆斜向,坐蟒则正向,尤贵。又有膝襕者,亦如曳撒,上有蟒补,当膝处横织细云蟒,盖南郊及山陵扈从,便于乘马也。或召对燕见,君臣皆不用袍而用此;第蟒有五爪四爪之分,襕有红、黄之别耳。"这段记载可知,蟒衣有单蟒,即绣两条行蟒纹于衣襟左右。有坐蟒,即除左右襟两条行蟒外,在前胸后背加正面坐蟒纹,这是尊贵的式样(图5-2-1、图5-2-2)。

图5-2-1 民族英雄戚继光赭红蟒袍坐像

图5-2-2 蟒袍

"遥知夷岛浮天际,未敢忘危负年华",表达了戚继光决心将自己的一生和抗倭事业结合起来,使自己处在时代激流的中心,为民族、为国家做出贡献的决心。戚继光能在国家危难之时立下远大志向,挺身而出,时刻以国家和民族安危为己任的高尚品质,值得我们学习。另外,"封侯非我意,但愿海波平"则更明确地表明戚继光为驱逐倭患、保卫海防、拯救百姓于水火,而并非追求个人功名的崇高品质。

三、从"辫线袄"到"程子衣"

辫线袄始于金代元人服饰。河南焦作金墓出土陶俑即着此衣,类似出土墓葬表明,元代此衣广为流行。其制窄袖,腰作辫线细折,密密打裥,又用红紫帛捻成线,横腰间;下作竖折裙式。简单地说,就是圆领、紧袖、下摆宽大、折有密裥,另在腰部缝以辫线制成的宽阔围腰,有的还钉有纽扣。

"辫线袄"实际是"胡服"的一种。从其形制来看,与中原汉服区别甚大。首先,"辫线袄"是窄袖,不同于正统的大袖;其次,"辫线袄"的腰间有一道横向破缝,尽管我们历史上的"深衣"在腰间亦有破缝,但两者性质不同,"深衣"的破缝是将上衣下裳"连属"起来的痕迹,并非有意而为之;而"辫线袄"的破缝则是其在腰线以下"密密打裥"的前提,显然是有心设计的结果。将历史的中国服装形制拿出来与西方服装逐一比较便可发现，"辫线袄"是最像西方服装的中国服装。像在哪里？

图5-3-1 "辫线袄子"（或称"腰线袄子"）

还是从衣袖与腰身两处来看。衣袖是窄袖，这一点像；腰身既然有了褶裥就必然会产生一定量的腰围与臀围之差，并非是一条笔直的侧缝线，这一点也像。那么又为什么仅仅是"像"而不就是"是"呢？因为"辫线袄"的窄袖是连袖而非西方服装的装袖，又因为"辫线袄"的腰线不是西方服装的"收省"而形成，所以只是看起来通过褶裥而略有收腰之势，并非具有实际意义上的收腰之实（图5-3-1）。

所以无论如何，"辫线袄"的实际服用功能较强，因此对于服装运动机能要求较高的人群更乐意穿用。《万历野获编》有："若细缝裤褶，自是虏人上马之衣。"即认为最初可能是身份低卑的侍从和仪卫穿着。故《元史·舆服志》将其列入"仪卫服饰"条内："羽林将军二人……领宿卫骑士二十人……皆角弓金凤翅幞头，紫袖细褶辫线袄，束带，乌靴……"但从元刻本图像看，穿"辫线袄"者也不限于仪卫，尤其在元代后期，如元人刻本《事林广记》插图中的武官等，又如《全相平话五种》插图中的"番邦"侍臣官吏等，均穿着"辫线袄"。

到了明朝，朱元璋上台以后提出要恢复唐制，实际上就是要恢复中原汉制，比如唐与明的官员们都着盘领袍。但是"辫线袄"却被沿袭下来，只是改了一个名字叫"曳撒"（图5-3-2）。同样，由于其出色的便利性，

图5-3-2 "曳撒"

故也依然是君臣外出乘马时所穿的袍式,后来明代士大夫日常也穿这种形式的服装,并称其为"程子衣"(图5-3-3)。至此,从"辫线袄"到"程子衣",完成了从元到明两个朝代的跨越,也完成了从武到文两种身份的兼容。其形制当然与"辫线袄"一致,大襟、右衽、斜领,前襟的腰部有接缝,下面打满褶裥,只是袖子略宽松。

图5-3-3 "程子衣"

　　整个历史,始终在改朝换代的走马灯般变幻的明线下延续,随之而来的暗线就是服饰的流变。由于服饰在民族认同方面的意义不能低估,历史上服饰的变化总是具有深刻的社会政治背景,统治阶级对服饰的政治含义特别重视。由于文化与民族认同和国家认同密切相关,而民族身份则是文化范畴的问题,涉及思维方式、伦理道德、价值观念、哲学思想、风俗习惯等,服装的民族性特点,深深地植根于文化结构里。从"辫线袄"到"程子衣",或许我们可以找寻服饰的更替与变迁过程中那些继承与保留的意思吧。

四、"鞭打芦花"闵子骞

　　《列朝诗集》收录过清初士人殷无美撰写的一条诗话:嘉定有一民家妇,大字不识,更遑论吟诗填词。嫁人后生有一双儿女,忽忽六载春秋,妇人因病垂死,口不能言。在病榻上突然索要纸笔,濡墨书七绝一首。诗云:"当时二八到君家,尺素无成愧桑麻;今日对君无别语,免教儿女衣芦花。"写完递于其夫,一恸而绝。

　　这里面有两个用典似乎需要稍加解释,一是"尺素",原意是古代少女闺房里的手帕,当然是很精致的那种。因为古代的棉帛和蚕丝都是手工在织布机上织出,纹理相对粗糙,那些有心的女孩子就特意精心织出一些丝帛来,裁好以后用作手帕,这就是"尺素"。第二个用典是"衣芦花"。那么何谓"衣芦花"呢?说到这里我们就要说到一个人——闵子骞。

闵子骞,男,春秋时期鲁国人(今山东费县汪沟闵家寨),二十四孝之一,是孔子弟子中七十二贤之一。"鞭打芦花"的典故便来源于闵子骞,那么鞭打芦花究竟说的是怎么一回事呢?

相传公元前526年左右,年仅八岁的闵子骞丧母,父续娶后妻姚氏,生得闵革、闵蒙二子。由于继母姚氏疼爱自己亲生的儿子,便对幼小的闵子骞倍加虐待。但生性诚实敦厚的闵子骞对此并无怨言。有一年临近年关,闵父驱牛车外出访友,携三子随从,闵子骞赶车,行至今安徽萧县城南一村庄,天气骤变,朔风怒号,寒风刺骨。闵子骞战栗不已,手指冻僵,于是赶牛车的缰绳和鞭皆滑落于地,使得牛车也翻倒在雪地里。其父见状,以为闵子骞真像继母常说的那样懒惰,非常生气,拾起牛鞭,怒抽闵子骞。不料鞭落衣绽,露出芦花,芦英纷飞,饥寒交迫的闵子骞也晕倒在雪地里。其父见此惊奇不已,待撕开闵革、闵蒙的衣服,见尽是丝絮后恍然大悟,始知是后妻所为,虐待前子,忙脱下自己的衣服裹住闵子骞。闵父急忙勒车返回家中,举鞭抽打后妻,并当场写下休书,要立即将后妻赶出家门。苏醒过来的闵子骞却长跪在父亲面前,苦苦哀求父亲不要赶走后母,他诚恳地对父亲说:"母在一子寒,母去三子单。"父亲听了闵子骞讲出的一番道理,遂罢休妻之事。继母听了闵子骞的话深受感动,遂痛改前非,待三子如一,成为慈母,家庭和睦。孔子得知此事后,大加赞扬曰:"孝哉闵子骞,人不间于其父母昆弟之"这就是数千年来民间流传甚广的"鞭打芦花闵子骞"的故事。

自夏、商、周三代以来约四千年的中国文明史中,人们的衣料大致在前三千年以丝麻为主,后一千年逐渐转变为以棉花为主。至元明时代,棉花逐渐部份取代丝麻,成为中国重要的天然纤维作物。棉衣是为了御寒,中间絮上了棉花等保温材料的衣服。我们从对传世实物的细致观察不难发现,勤劳智慧的古代人民通过将衣服内填充丝、棉或能起到御寒保暖材料制作棉衣。

江南大学民间服饰传习馆藏有清中期棉袄一件(图5-4-1)。其形制为:大襟,右衽,圆领,领襟镶如意云头,一字扣,两侧开衩,直身大袖,袖口有挽袖。关键是此袄填有棉絮,并由绗缝工艺将填絮固定下来,不宜滑落。

图5-4-1　清中期的棉袄

五、《红楼梦》与官府织造

工业化生产之前，服装是如何做出来的呢？其实在我国很长一段时间内，服装的制作形式不外乎三种：一种是家庭女红，一种是专职裁缝，还有一种便是下面讲到的官府织造。三种服装制作方式并行不悖，在很长一段时间内相互平行地存在着，只是到了近代服装产业的出现，这种官府织造、民间家庭女红与专职裁缝并存的格局才真正意义上被打破。

官府织造由来已久。早在《周礼》中就有相关规定，其中关于理想政府的设置就包括了做衣服与管衣服的人——"函人"管"甲"，"缝人"管"衣"；"裘人"管"裘"。又有"追师"掌管冠冕，"屦人"掌管鞋履。而后这些做好的盔甲、衣服、皮装与鞋帽都交给"司服"与"内司服"，由他们负责打理。这些职官都是管理者，手下都有工匠与奴隶从事具体劳作，即所谓"以官领之，以授匠作"，意思就是行政官员领导下的手工作坊。所以既有干部编制的人——"府""史""士"；又有工人编制的人——"工""徒"；还有奴隶——"奚"。以《周礼》中的"掌皮"与"百工"为例，"掌皮"担任管理工作，相当于裘皮原料车间主任；"百工"担任生产工作，就是工人。有时还规定了具体的人员配置，以"缝人"这个部门为例，设置了宦官2人，女官8人，女功80人，女奴30人。

表5-5-1 《周礼》中关于染织服装的职官表

职 官		《周礼》原文	注 释
天官	司裘	掌为大裘，以共王祀天之服	掌管制作黑羔裘，供给王者祭天时穿
	掌皮	掌秋敛皮，东敛革，春献之，遂以式法颁皮革于百工	秋天收取皮，冬天收取革，春天经过加工后进献给国王。按照制造皮物用料多少的规定将皮革发给工匠
	典妇功	掌妇式之法，以授嫔妇及内人女功之事赍	掌理妇女从事女红的有关规则，发给九嫔、世妇和女御们做女红的材料
	典丝	掌丝入而辨其物，以其贾楬之	掌理收受嫔和世妇呈缴上来的丝品，辨别丝品的精粗，标出它们的价值
	典枲	掌布缌缕纻之麻草之物，以待时颁功而授赍	掌理布、缌、缕、纻及其所需的原料麻草等物，按照规定的时间分配工作，拨给所需的材料
	内司服	掌王后之六服—袆衣、揄狄、阙狄、鞠衣、展衣、缘衣，素沙	掌管王后的六种衣服，即袆衣、揄狄、阙狄、鞠衣、展衣、缘衣，素纱为这六种衣服的衬里
	缝人	掌王宫之缝线之事	掌理王宫一切缝纫事物
	染人	掌染丝帛	掌理煮染丝帛
	追师	掌王后之首服	掌理王后头上的服饰
	屦人	掌王及后之服屦	掌理国王和王后在穿着各种不同衣服时应穿着的鞋子
	夏采	掌大丧以冕服复于大祖，以乘车建绥复于四郊	掌理王者丧事，初死即着冕服到始祖庙行招魂礼
地官	掌染草	掌以春秋敛染草之物	管理染色植物的收割与保存
	掌葛	掌以时征絺绤之材于山农，凡葛征	管理与征收粗细葛布
春官	司服	掌王之吉凶衣服，辨其名物与其用事	掌管天子的祭祀服装，并根据不通的祭祀场合进行服装的区分
	小宗伯	掌衣服、车旗、宫室之赏赐	负责包括服装在内的王室有关事务
夏官	节服氏	掌祭祀、朝觐衮冕	掌管祭祀与接受朝拜时天子所用的服装

到了西汉,始设"东织""西织",这是掌管王室所用丝帛织造与染色、掌管王室与官员祭祀服装裁造与纹绣的机构。后来汉成帝裁撤东织,改西织为"织室",设在未央宫,属"少府"。主要工作职责未变。另设有掌管内服衣物的"内署"。

至唐朝设"殿中省"与"少府监"。其中"殿中省"掌管天子生活起居之事,沿袭了隋朝的六尚二十四司的设置格局:即尚食、尚药、尚衣、尚舍、尚乘、尚辇六局。尚衣局的正副长官叫作"奉御"与"直长"。他们主持与管理服装,解释其礼仪制度,责任在于要严格按礼仪行事,不要穿错了(还好,尚食局的"奉御"还要先尝御食呢——万一有人投毒就要以身殉职了)。内宫女官也沿袭了隋之"尚服""尚功"之职。其中"少府监"仍是主管官营手工业的部门,《唐六典·少府军器监》云:"少府监之职,掌百工伎巧之政令,总中尚、左尚、右尚、织染、掌冶五署,庀其工徒,谨其缮作;少监为之贰。凡天子之服御,百官之仪制,展采备物,率其属以供焉。"其下辖的中尚署、左尚署、右尚署、织染署都与"女功"有关,尤其是织染署,更是一个以女功为主要工种的中央官府手工作坊,下设 25 个织染作坊,即织纴之作 10 个,组绶之作 5 个,绅线之作 4 个,练染之作 6 个。规模庞大,工匠云集。数据显示当时有"短蕃匠五千二十九人,绫锦坊巧儿三百六十五人,内作使绫匠八十三人,掖庭绫匠百五十人,内作巧儿四十二人"。如此规模依然供不应求,因为仅杨贵妃一人就占用了大量人力资源——《旧唐书·后妃上》有"宫中供贵妃院织锦刺绣之工,凡七百人"。另"掖庭局"也承担供奉宫廷的女功制作,但这个单位的人选有点意思,其中有不少是犯人中的"女功技艺"者,有点"劳改"的性质。

宋沿袭了隋唐之制。殿中省六尚局依然,但更完备。比如"尚衣局"下设"衣徒"。但"少府监"下属部门的称谓与工作职责有所变化,"文思院"掌管金银首饰,下设作坊进行设计与制造工作;"绫锦院""染院"分管服装面料的织造与染色;"裁造院"掌管服装的裁制,供王室服御与祭祀所用;"文绣院"掌管车、服、祭祀所用的绣品。这些部门分别管理与承担着织造、印染、裁制、刺绣等制作流程。

明设"尚衣监"掌管皇帝的冠冕、袍服、靴袜等事务,设有掌印太监一人,余下各级官员不设定数。这是一个很大的变化,隋唐以来一直由女官负责的部分事务改由宦官替代。"巾帽局"掌管宫中内使帽靴、驸马冠靴及藩王之国诸旗尉帽靴,"针工局"掌管宫中衣服造作、"内织染局"掌管染造御用及宫内应用缎匹绢帛之事。宫廷百官与内府所需的皮革由"皮作局"掌管。另设"浣衣局",就是让年老及有罪退废的宫人在此洗衣服。同时,设江宁织造、苏州织造与杭州织造,由提督织造宦官主管,专办宫廷御用与官用之纺织品。

让我们来看看明清时代的苏州织造吧!

苏州自古丝织业发达,明代即为全国丝织中心之一。为满足宫廷需求,自元代起官府就曾在苏州设立制造局,直接加以管理。明织染局设在现在的北局。清顺治三年,在带城桥东明末贵戚周奎故宅建织造局,又名总织局。康熙十三年改为织造衙门,亦称织造府或织造署,由内务府派郎官掌管,并将总织局迁至衙门以北。织造署除了在苏州、松江、常州自设机房雇工制造以供皇室消费外,兼管三府机户和征收机税等事务,与当时的江宁、杭州织造署并称"江南三织造"。康熙二十三年,在织造署西侧建行宫,作为皇帝南巡驻跸之所。据记载,原织造署规模宏敞,厅堂、园池、机房、吏舍齐备,占地甚广,只可惜咸丰十年全部毁于兵火。同治十年重建,但未能恢复旧观。现存头门、仪门等建筑均为当时重建,头门硬山造,面阔三间13.4米,进深6.4米,于脊柱间安断砌门三座,现门扉六扇及门簪、下槛、砷碑等尚存。此外,织造署旧址还保存有清《制造经制记》及顺治、乾隆、同治年修建碑记,共五方。包括以瑞云峰为中心的行宫遗址在内,苏州织造署旧址是"江南三织造"中现存遗迹最多的一处。

由于名著《红楼梦》作者曹雪芹的祖父曹寅和舅祖李煦曾先后担任苏州织造之职(也难怪曹雪芹将小说中女子服饰刻画得如此淋漓尽致),《红楼梦》中又有不少地方提及苏州的人文风物,因此,织造署旧址也引起了红学专家的极大兴趣。

清朝,织造官由内务府派遣,虽然内务府郎中仅为正五品,但派到地方后属钦差性质,与地方长官平行,权势较大。不仅管理织务、机户、征收机税等,亦兼理采办及皇帝交办的其他事务,且监察地方,可专折奏事,行文中称"织造部堂"。清朝时,江宁、杭州、苏州三处各设织造监督一人,简称"织造"。织造是不属于常设官缺,例以内务府司员简派,事实上多是由资深的内务府正五品郎中出任。原则上织造每年更替一次,但可以连任,所以出现像李家、曹家那样长期担任织造的世家。

清朝的苏州织造署曾显赫一时。它的旧址即今苏州十中校园。康熙、乾隆每次南巡江南,在苏州均宿于织造府行宫。织造署,为皇室督造和采办绸缎的衙门。织造署织造为五品官,因为是钦差,实际地位与一品大员之总督、巡抚却相差无几。织造往往是皇帝心腹,随时能够密奏地方各种情况,为皇上耳目。康熙时,苏州织造为曹寅,即曹雪芹祖父,后调任江宁织造;苏州织造继任为李煦,即曹寅内兄;杭州织造为孙文成,为曹寅母系亲属。全国三大织造真可谓"联络有亲,一荣俱荣,一损俱损"。曹寅的生母曾是康熙的乳母,曹寅当过皇帝的侍读,曹寅与康熙皇帝是年龄相近的"一起玩大"的年少君臣。可见织造地位之炙热。当年天下著名的"三织造",如今杭州织造署、江宁织造署安在? 唯有苏州织造署遗址尚存。

六、十从十不从

清统治中国后,面对汉族激烈对抗剃发易服的政策,清王朝采纳了明朝遗臣,被人称为"从明从贼又从清,三朝元老大忠臣"的金之俊的建议,实行了"十从十不从"的措施,其中"男从女不从":男子剃头梳辫子,女子仍旧梳原来的发髻,不跟旗人女子学梳"两把儿头"或"燕尾头"(清代满人称旗人,汉人称民人,但旗人不完全等同满人,除满八旗之外,还有蒙、汉八旗,但不占主导)。

这一点有限的让步,终于使某些汉族明代服饰得以保留,但残留的汉族服饰,因为受到统治当局主流服饰的冲击,亦逐步"满化"。尽管如此,今天我们还可以在和尚、道士和古装戏曲那里见到汉式服装的残迹。

清兵入关的第一件事就是"剃发易服","剃发"针对的是"束发簪缨冕旒冠笄";"易服"针对的是"交领右衽宽袍大袖"。清代服饰,主要是上下连属的袍褂,另外还有马褂、坎肩等。其帽饰习俗是其冠服制度的特色。顶戴花翎成为清代特有的标志品级方法。这种服制结构特色再加上汉装官服的章纹、补子、服色等规制后,满族衣饰嫁接华夏衣冠元素的服饰才得以成型。

汉服与经历过满族改装的服饰差异主要表现为三个方面:

一是衣形与线条的差异。传统的华夏衣冠所用布料大于人体所需面积。这种崇尚宽大的用料原则形成了汉服的褒衣博带之势。宽幅再加上束腰、受袪、襞积等方式,人穿着后便呈现出灵动、飘逸的立体感,先人很讲究衣冠的动感,行动时往往与环境和谐。源于游牧文化的旗装由于从乘骑习惯出发,以合体为本,即使后期受到汉装影响不断有宽松趋势,但未得收勒的要领,裁剪为平面,穿上后仍觉得有平面直线的松旷。

二是衣饰细微之处——边、扣的差异。汉装的交领右衽常用滚镶,缘边曲线流畅,轻描淡写,与整件衣装的风格和谐一致;而清代衣装往往刻意强调边的装饰性,且襟缘往往呈现出刻意的折角。从后世的实物看,清代中后期的滚镶在历代衣饰中登峰造极,女装的领袖襟裾常有多重的宽阔滚边,对精致的要求可谓苛刻之极。最早的汉装是不用扣的,只用两对缨带即可稳定衣襟,明代时虽已使用金属扣或盘扣,但并不普及,或用于领抹、立领上作点睛之笔,或隐于必要的接缝处,原因是扣会影响长线条的流畅感。而清装却在曲折的接缝处大量使用,常用的有一字扣、琵琶扣,尤其是在外衣的滚边上,整件衣裳便呈现出点、线、面各自维营的局面。

三是在装饰上。传统服装多讲究采用动植物与几何图案,纹样的演进大致经历了抽象、规范(几何图形)对称、写实等几个阶段。商周以后的装饰图案日趋工整,布局严谨考究,与青铜器造型艺术特征相一致。这些特点在唐宋时期表现得尤为突出。到了清代,其装饰手法注重写实,一簇花朵、一群蝴蝶被刻画得栩栩如生,不做过多的艺术处理。

清末以后,衣饰又逐渐弥染了鲜明的西方色彩。19世纪末,近代工业起步,中西文化的碰撞和交汇扑面而来,新的思想和观点冲击着社会生活,服饰随之发生变化,以适应时代发展的需要,清朝统治者在服饰推广上的"一厢情愿"终究也走进了历史的尘埃中去了。

七、衣冠禽兽

《明朝那些事儿》确实让明朝火了一把，书中用戏谑式或者说些许幽默化的语言解读了许多发生在大明王朝的"那些不得不说"的故事，一时间掀起了一股"明朝热"，让诸多看客深陷其中，不能自拔。故事之精彩，文笔之生动，解读之绝妙让人仿佛一下子"穿越"回了明朝。那让我们也"穿越"到明朝去，领略一下明朝服饰在我国服饰文明进程中所走过的痕迹。

明代的朝服、公服基本延续了唐宋的品色与服制，但明代在弘扬传统的同时也形成了自己的特色——补子，即按照不同的"文禽武兽"规则来标识不同职官品级。这种规则颇具创意，甚至连清代的冠服创制者都选择继承。

洪武二十四年，朝廷始定职官常服使用补子，即以金线或彩丝绣成禽兽纹样，缀于官服胸背，通常做成方形，前后各一。文官用禽，以示文明；武官用兽，以示威武。所用禽兽尊卑不一，借以辨别身份等级，充分体现了中华民族象征文化的丰富内涵（图5-7-1～图5-7-3）。

图5-7-1　明补服1

图5-7-2　明补服2

图5-7-3　泰州明墓出土狮子补服

清代官员的服饰根据明代的官吏常服的制式有了发展和变更,在清朝政府中有正式职位官员的官方着装,正式名称为"补服"。清《皇朝礼器图式》的"冠服"中对补服亦有专门规定,如"本朝定制,文一品补服,色用石青,前后绣鹤";"文二品补服,色用石青,前后绣锦鸡"等(详见下表)。

品 级	文官补子	武官补子	补服图案
一品	绯袍,绣仙鹤	绣麒麟	九蟒四爪
二品	绯袍,绣锦鸡	绣雄狮	九蟒四爪
三品	绯袍,绣孔雀	绣悍豹	九蟒四爪
四品	绯袍,绣雪雁	绣猛虎	八蟒四爪
五品	青袍,绣白鹇	绣棕熊	八蟒四爪
六品	青袍,绣鹭鸶	绣彪	八蟒四爪
七品	青袍,绣鸂鶒	绣犀牛	五蟒四爪
八品	绿袍,绣鹌鹑	绣犀牛	五蟒四爪
九品	绿袍,绣练雀	绣海马	五蟒四爪

"补子"又分圆补、方补两种,圆补用于贝子以上皇亲者,上为五爪金龙纹,分别饰于左右肩上及前胸和后背;方补则均用于文官和武将等官员。这块在前胸后背处分别装饰一块方形(或圆形)饰有鸟兽的图案,即称为"补子",文官官服绣禽,武将官服绣兽,再加之头上的冠帽,不就构成"衣冠禽兽"了吗?(图5-7-4～图5-7-6)

图5-7-4 补子1

图5-7-5 补子2

图5-7-6 补子3

清朝时期的官服大都是由织造局来完成制作的,一般的裁缝是不能制作官服的。"补子"的绣法复杂多样:线外包金银的叫作平金绣,在夏服上用的叫戳纱绣,只用彩线而线外不包金银的叫彩绣,还有打籽绣等多种方式。

　　清代服饰是历代服装中最繁复且别出心裁的。文武百官的官衔差别,主要看冠服顶子、蟒袍以及补服的纹饰。冠后插有翎枝,其制六品以下用蓝翎,五品以上用花翎;至于蟒袍,一品至三品绣五爪九蟒,四品至六品绣四爪八蟒,七品至九品绣四爪五蟒;而就补服而言,自亲王以下皆有补服,其色石青,前后缀有补子,文禽武兽。文官五品、武官四品以上,均需悬挂朝珠,朝珠共108颗(喻指人生烦恼数量),旁附小珠三串(一边一串,一边二串),名位"记念"。另有一串垂于背,名"背云"。 补子用动物图案装饰,文官依次为:仙鹤、锦鸡、孔雀、云雁、白鹇、鹭鸶、溪鸠、黄鹂、练雀,武将则是麒麟、狮子、豹、虎、熊、彪、犀牛、海马(图5-7-7、图5-7-8)。动物鸟兽的下方加上一些山纹或水纹(唤作"海水江崖"纹),据闻是清廷要表示"坐稳江山"之意。

图5-7-7　清补服1

图5-7-8　清补服2

八、肚兜的文化

　　《红楼梦》第三十六回写宝钗来至宝玉房中,看见袭人在做针线,原来是白绫红里的兜肚,上面扎着鸳鸯戏莲的花样,红莲绿叶,五色鸳鸯。

今天说到肚兜,很多人首先想到的是小孩子穿的东西。其实,在我国服饰文明史的进程中,肚兜在很长的一段历史时期内都是充当女子的"贴身内衣"之用。

汉代刘熙《释名·释衣服》曰:"抱腹,上下有带,抱裹其腹,上无裆者也。"在古老的中国,肚兜可以说是最具有传统民族特色的服饰之一。肚兜古称"兜肚",是中国传统服饰中护胸腹的贴身内衣,又有"抹胸""抹肚""抹腹""裹肚""兜子"等诸多别称。"抹胸"是唐宋时期的称谓,发展到清代则称之为"肚兜"或"兜肚"。

因我国地域幅员辽阔以及各地的风俗习惯不同,肚兜的造型也因不同地域而风格各异,但其基本风格近似一个展开的菱形(或近似折扇形)。传统样式的肚兜一般做成菱形状,上端部分裁为平行,使得整个肚兜形成五角。上面两角及左右两角缀有带子,带子的质料一般有丝绳、金链等。肚兜的做法是,先决定兜围、斜襟、腰角、口袋(不是有意而为之,而是在肚兜的两层布料之间,只缝合两端,中间并不完全缝合,好似形成了一个口袋,新婚之夜长辈们会在里面放置一些具有科普意义的画作)的尺寸,并在布上直接描绘出事先确定好的设计图样,裁成的菱形布片长宽约30厘米,下端成圆弧形或尖角状。除了上面说的在左右两角直接缀有带子以外,有的肚兜在上面的两角上装有一对花扣,以便钩穿金银链条(或固定布带子)用以系在颈子上,左右两角则用细布带固定。穿着时上面两带系结在颈部,左右两带系结在腰间,这样正好遮挡住肚脐小腹,可以避免肚子受凉——或许这便是肚兜的实用属性所在了(图5-8-1、图5-8-2)。

说完了肚兜的实用属性,接下来自然而然就是要来"剖析"一下肚兜的精神属性了。这一点在我国传统的民间及民俗艺术中体现得尤为明显,这里的肚兜只是其中的冰山一角罢了,但我们倒是可以从肚

图5-8-1 肚兜1

兜这扇小门进入到传统民间艺术的"大观园"之中。

肚兜的面积虽小，但内涵丰富。肚兜向外的面料上绣有五颜六色的图案，而这些图案基本上都可以被民俗学家们解读出诸多的美好寓意，如"葫芦""石榴""南瓜""蛙形"图案象征多子多福；"虎""五毒"图案则是祈福孩子健康成长；有些肚兜上绣有"蝶恋花""连生贵子""麒麟送子""凤穿牡丹""连年有余""金鱼串荷花""鸳鸯

图5-8-2　肚兜2

戏水""喜鹊登梅"等图样，这些图样除了寓意吉祥、辟邪之外，又富有爱情美满、幸福绵长的意味。江南大学民间服饰传习馆藏有一只绣"一片冰心"纹肚兜，反映了这位少女对爱情的高度忠贞（图5-8-3）。这些图案所表达的象征寓意与中国古代的生活习惯、神鬼文化、图腾崇拜等都息息相关，蕴含着巨大的民俗内涵，是我们现代人了解传统文化的一个很好的角度（图5-8-4、图5-8-5）。

图5-8-3　肚兜3

图5-8-4　肚兜4

图5-8-5　肚兜5

肚兜的艺术表现以刺绣为主,也有贴补花纹的,绣花肚兜较为常见。刺绣的主题纹样多是中国民间传说或一些民俗讲究,诸如"刘海戏金蟾""鸳鸯戏水"等吉祥主题,或莲花以及其他花卉草虫,大多是趋吉避凶、吉祥幸福的意蕴。另外,由于制作肚兜包括缝、绣、剪裁、造型,所以一个小小的肚兜如果要制作得精美,那也是需要花费很多时间的,用近代作家张爱玲的话说:"惟有世界上最清闲的国家里最闲的人,方才能够领略到这些细节的妙处。"

第六章
民国服饰

一、张爱玲与《更衣记》

曾经有评论家说："文坛寂寞得厉害,只出了一位这样的女子。"没错,这位女子就是我们接下来要讲的被称作"旧上海最富传奇性"的女作家——张爱玲。其实说到张爱玲这个名字,很多对中国文学或者对民国历史有一些了解的朋友是很熟悉的,就是在今天,也还活跃着一大群"张迷",著名电影明星林青霞即是其中一位,林青霞曾说因为张爱玲使其了解上海并喜爱上海。

张爱玲是 20 世纪二三十年代旧上海知名度很高的当红女作家,经过时间的淘洗,张爱玲的文字在今天已然演变成一种显学,吸引着大批的粉丝。曾经有人界定过小资生活的标准:看王家卫的电影,读张爱玲的小说以及细读《纳兰词》。可见张爱玲文笔之功力,她的《金锁记》《倾城之恋》《红玫瑰与白玫瑰》等早已成为家喻户晓的文学作品,而我们这里主要介绍的是张爱玲的一篇著名服装评论——《更衣记》(图 6-1-1)。

在说《更衣记》之前让我们对当时的写作背景做一个了解吧。20 世纪二三十年代的上海是远东第一时尚中心,谓之"东方之巴黎"是一点也不过分的。当时的上海已经拥有发达的西装业、时装业和包括衬衫、童装、内衣、针织在内的成衣业。同孚路、

图6-1-1　收录有《更衣记》的张爱玲散文集《流言》

林森路(今淮海路)、静安寺路(今南京西路)、北四川路与南京路(今南京东路)是红男绿女招摇过市的时尚中心,且这种时尚还辐射到周边及其他地区。当时的《大公报》显示连天津这样的北方大都市都受上海辐射影响。当时沪上时尚传媒亦十分发达。尽管未见专门时装杂志,但《玲珑》《美术生活》等期刊均有些"准专业"的意思,而《良友》《家庭》《永安月刊》等期刊又设有时装专栏,加大了上海服装时尚的传播能力。同时在上海这样一个近代工商业大都市"讨生活"的人们对于自身形象开始产生了空前的重视。一方面是因为有了种种交际活动的规范要求;另一方面,是因为封建礼制的垮塌而使人们可以对自己的着装产生更多的自由主张。这便是当时的上海人与服装的关系——衣服体面是人体面的前提,或者说,衣服的体面可以掩饰人的不体面。所以当时有一个段子是这样的:

甲:你家失火了,快去救火啊!

乙:不用,家当都穿在身上呢。

而作为著名作家的张爱玲,其自身也是与我们服装渊源极深,她甚至直接用服装来隐喻人生——"生命是一袭华美的袍,爬满了蚤子。"——正如张氏的一贯笔风,这句话竟也是有些悲凉的味道了。张爱玲作为中国近现代文学史上著名的女作家,不仅写作文风自成一派,就连其穿着也是异常"另类"的。在张爱玲的散文《更衣记》里,她这样说:"对于不会说话的人,衣服是一种语言,随身带着的袖珍戏剧。"张爱玲的少女时代一度在同学面前有些尴尬,因为她经常穿继母剩下的衣服,这让长大后的张爱玲逆反为"嗜衣狂"。有一次她穿了一件前清老样子的绣花袄裤去参加哥哥朋友的婚礼,这让在座的嘉宾瞠目结舌;另外一次她的好朋友潘柳黛和苏青去拜访她,她身穿一件柠檬黄颜色的晚礼服,袒胸露臂,并且香气袭人,她的打扮让来访的两位朋友窘态十足,张爱玲却说:"我既不是美人,又没什么特点,不用这些来招摇,怎么引得起别人的注意?"看来对于穿衣的讲究张爱玲自有一番体会与心得,不过倒也颇为深刻(图6-1-2)。

下面进入正题。《更衣记》写于1943年,以6000字左右的篇幅写出了服装的"近代史"。在这篇《更衣记》中,张爱玲把满清以来服饰的变迁娓娓道来,

图6-1-2　张爱玲和她的同学们

但却并不拘泥于对于服饰本身的琐屑描述，而是从不同时期的服饰特点写出当时的文化氛围和社会心理。比如说：衣服由宽大变为紧身，往往源于"政治动乱与社会不靖"，因为紧匝的衣服显得"轻捷利落，容许剧烈的运动。"又如：民国初年，服装崇尚轻便、纯真，是由于"大家都认真相信卢梭的理想化的人权主义。"其实，紧身衣也好，轻便装也好，经张爱玲这一番史笔的解释，便让人觉得衣服一下子高深起来了，看来张氏的"以小见大"的视角也是很独到的。一件衣服不仅仅是人们生活的日用品或装饰品，它更是一个时代的氛围，一定社会历史时期人们的心态和审美习惯的缩影。

其文章的另一特色是在取喻和用词上的灵动和准确。如"极其宽大的衣裤，有一种四平八稳的沉着气象""更为苛刻的是新娘的红裙……行动时只许有一点隐约的叮当，像远山宝塔上的风铃""一双袖子翩翩归来，预兆形式主义的复兴"等。只有细心体味才能觉察出其中的妙处。文章通篇都在服饰的流行与共同的社会文化之间游走，但又把衣服说成是每个人"贴身的环境""我们各人住在各人的衣服里"。

人们向来以为时装和美只与女人有关，因为它们和女人一样无足轻重，可张爱玲又从中看到了不仅仅属于女人的世界："在政治混乱期间，人们没有能力改良他们的生活情形。他们只能够创造他们贴身的环境——那就是衣服。"服装的变化常常是社会、朝政安定与否的先兆或标志,服装是一种文化。服装又岂是小女子的独门心思呢? 一种历史的厚重之感跃然纸上。

二、海派

长期以来,"海派"可以用作一个形容词,用来形容美好、洋气的意思。为什么这样显著的一个名词会转换成了形容词呢? 要回答这个问题首先要复原"海派"作为名词的涵义。

海派首先是一个文化术语,用来说明上海是清末民初外来文化进入中国的桥头堡。文明婚礼、文明戏与"荷兰水"都是由此引入。20世纪30年代曾经引发了一场关于海派的争论,鲁迅、沈从文、曹聚仁等名流都卷入其中。鲁迅说:"京派是官的帮闲,海派是商的帮忙而已"。这句话点出了海派的一个本质特征,即更多包含着商业性质的脂粉气,即所谓"名士才情"与"商业竞卖"之并举——叶浅予等人在当时的上海又画画又设计时装,岂不也是在走这条路?

海派又是一个美术术语,用来说明以任先生、吴先生的画风为代表的艺术风格。还有的史家把刘海粟这样的画家也归于海派之中,理由是他们"手握两支画笔,一手伸向传统,一手伸向西方……",从某种意义上讲,这也很贴切地代表了海派的实质,那就是与西方发生了关系。

然后,海派才是一个具有时尚意味的术语,用来表示"洋气",带有前天的"帅"、昨天的"酷"与今天的"in"的意思;或者说海派就是洋派,就是西方的生活方式从窗户"跳进来"——因为我们不让他从门里进来(钱钟书语);如果转换成具有学术意味的术语,那就是"中体西用""西学东渐"。

海派服饰是"洋为中用"的典范。上海开埠之后,英、美、法等国渐次在上海设立了"国中之国"的租界。以一种直观外在的形式,展示了他们的建筑,展示了他们的服装,展示了他们的生活方式。以教会、教会学校、好莱坞电影与报刊等为代表的文化势力,则更多的是在思想上内在地影响着我们。当这两方面的影响相交汇而产生了巨大的作用时,英商"福利"公司与"惠罗"公司的环球百货又适时地满足了我们的需要。在品种上包括西装、连衣裙、西式大衣甚至牛仔裤,在配饰上包括贝雷帽、玻璃丝袜、高跟鞋与玻璃皮带。这就是海派约等于洋派的一面。一款海派的改良旗袍,隐约可见里面的吊带内衣,又清晰可见脚上的高跟凉鞋,就是这种传统与外洋的叠加的绝妙写照。同时,"我们的阔太太阔小姐们,置办起新装来,总是喜欢到外商的时装公司去"。所以海派就是古老的东方大陆面向海洋文明开启的第一扇窗户。

海派服饰又是"中西合璧"的典范。还在古代时期,仿佛上苍有意要对上海这个未来之星进行一番培养,所以便让上海紧邻苏杭两市,被宋、明以来中国的两大经济与时尚中心包夹其间。这时的上海就是苏州的卫星城,就像后来的苏州是上海的卫星城一样。彼时有所谓"苏州样"的专属名称,就是苏州人在生活中累积的文化样本,一种考究、精致的生活态度。这是中国式生活的最高境界。除了穿的,还有用的。比如,家具中的"苏作",同样意味着相对于"广作"的精巧与高古。而之所以说是一种态度,就是说其与金钱的关系不是太大。经济基础殷实固然好办,不殷实也可以办——螺蛳壳里也可以做道场。所以近代的"海派",是中国雅致的市民文化与西洋舶来品的结合,是西式的外观与中式的内在气质的结合,内外呼应,外"洋"内"中",可以理解成西洋文明与江南文明混合之后在上海形成的新的服装风格。所谓在苏州开花,在上海结果。

从某种意义上讲,海派处于一个传统与现代、东方与西方的"十字街头"。不同文明之间的融合(现在叫作混搭)并不是一件容易的事情,但老上海人华丽地做到了(图6-2-1、图6-2-2)。

女人善变,在某种意义上被女性气质所主导的海派服饰也是善变的。当时的小报有这样的报道:"摩登的妇人,她们对于装束衣服,不时在翻着新花样。"或者是:"上海女子都以式样贴身为美观,裁缝更为迎合女子心理起见,穷心极思、标新立异,

图6-2-1 海派婚礼服

图6-2-2 海派居家服

女子服装式样的更改,层出不穷。"这种"穷心极思"就是创造性设计,正是能工巧匠们的不断创新,保证了"善变"始终是一潭流动的活水。《良友》杂志曾经记录了 1922年至 1927 年间旗袍的变化情况:1922 年,旗袍不但左襟开衩,袖口也开了衩;1923年,旗袍在加长的同时,衩也开得更高了;1924 年,又开始流行低衩,袍长却加长至鞋面;1925 年,袍长与袖长一起缩短,开衩又向上提高了一寸多;1926 年,袍长更短,袖长更是短到仅至肩下二三寸;1927 年,袍长继续减短,袖长减至零——出现了无袖旗袍。从中可以看到旗袍年年有变,所以报人曹聚仁才会这样来总结:"离不开长了短,短了长,长了又短,这张伸缩表也和交易所的统计图相去不远。"(图 6-2-3)所以当时才会出现当铺拒当女子时装的现象。

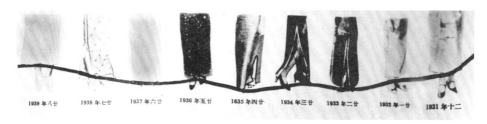

图6-2-3 《良友》杂志所绘旗袍下摆长度变化起伏图

但是万变不离其宗,那就是体面。以服装的体面与否作为评判人的依据,就是俗话说的"只重衣衫不重人"(图 6-2-4)。所以赵丹在《马路天使》里,里面可以不着衬衫而只穿个"假领",但外面的西式制服、领带却一个也不能少。而海派的精彩之处就在于,穿上西装之后"假领"就看不出来是假的了。鲁迅就发现了在上海"穿时髦衣服比土气便宜"的现象:"如果一色旧衣服,公共电车的车掌会不照你的话停车,公园看守会格外认真的检查门券;大宅子或大客寓的门丁会不许你走进正门。所以……一条洋服裤子却每晚必须压在枕头底下,使两面裤腿上的折痕天天有棱角。"冯小刚也发现了这个现象,诸位看官请回忆一下《天下无贼》中的刘德华对门卫说了些什么。但近代上海的体面完全

图6-2-4　丰子恺漫画《马路上,互用醋意的眼光观察服装》

不同于古代的等级,至少在面子上不会有意去制造"官"与"民"的区别。也就是说表面上的等级区别已经消除,穿中山装的人的宗旨也是为百姓的"民生"服务。既然如此,此时任何一个服装品种在理论上可以让任何人穿——所以《上海滩》里的丁力可以在一夜之间脱下短衫换上西装,而无须遵循过去孔夫子为我们制定的种种礼仪与限制。

海派可不仅仅是上海的事情。其巨大的号召力能够支配全中国,也能够辐射到今天。清人徐珂对此的记录是:"上海繁华甲于中国,一衣一服,莫不矜奇斗巧,日出新裁。"时人对此的记录是:"上海妇女装饰风式之势力足已支配长江流域各处……"后人周锡保先生的评价是:"上海在当时已成为全国服饰的中心,各地也都以上海的趋向而追逐之。"在后来的很长一段时间里,海派就意味着质量,海派就意味着时尚,海派就意味着高水平的有情调的生活。

今天还有真正的海派服装吗?有。官方给出的定义是:"海派服装是一种现代服装造型流派名称,即由上海设计师设计和生产的服装别称。海派服装具有轻巧、秀丽、紧身、别致、典雅的独特风格。"对照这个定义,我们可以看到今天"素然""La vie"的精彩设计,而再继续深入下去的话,我们又可以看到几许老上海"十里洋场"的影子。

三、《玲珑》的故事

《玲珑》是民国时期在上海发行的一本杂志,之所以叫作"玲珑",大概有两层意思:第一层意思是指其开本小,只相当于两副扑克牌大小;第二层意思是暗喻该刊所具备的女性化内容——即以服装、美容、服装评论与女性情感等女性生活话题作为刊物的主要内容。由于当时专业的、独立的时装杂志还未曾出现,所以可以说该杂志就是当年的一份准时装杂志。

《玲珑》中的文章多紧密切合妇女的生活实际,少高谈阔论,多平易近人,且篇幅单一短小,其风格如同该刊物的开本装帧,颇具"尺水兴波"之风。在引导上海滩女子服饰与妆容时尚方面颇具号召力,号称在当时时髦女子中间《玲珑》杂志人手一册。

《玲珑》杂志中与服装相关的内容主要集中于以下三个方面:

第一,该刊常常发表名媛闺秀身着新装的照片。比如,其创刊号即用上海滩邮票大王周会觉之女周淑蘅之玉照,其为西洋卷发,西式衣裙,标准摩登女郎形象(图6-3-1)。另有供职于当时外交部的女职员与供职于"天一"电影公司的女明星等(图6-3-2、图6-3-3),这一阶层的女子才会被列为封面,故凸显自上而下式的流行路线。

第二,发表叶浅予等"上海时装研究社"的服装画新作。叶浅予当时在上海从事广告、漫画、插图、绘制布景与设计花布等众多美术类工作,并与志同道合者成立了"上海时装研究社",在《良友》《玲珑》等杂志发表了大量服装画作品。新中国成立后曾任中央美院国画系主任。从他在《玲珑》杂志中发表的"海滨服""晚礼服""学生服"等作品可以看出,他的设计观是"参合东西"的,具体而言就是由中而西,相遇而安,并行不悖的。与其他

图6-3-1 《玲珑》杂志封面

图6-3-2 《玲珑》杂志上的影星　　　　　　　图6-3-3 《玲珑》杂志上的白领

画家兼服装设计师的区别是,其他画家们往往更多的是关注服装外观的形与色,而叶浅予由于在"云裳"公司等单位的兼职设计的履历,所以其设计的切入点往往更加与市场消费密切相关。

总之,在叶浅予等人的设计中,一手伸向传统,一手伸向西方,两种文化的交融就逐渐形成了"海派"服装的特色。在他们的设计中,旗袍就这样被西方元素所"改良"了——直改曲、宽改窄、松身改收腰。叶浅予设计的"西洋晚装"但"不过是装着领子的",这一"装着领子"就成了旗袍了;而这旗袍的下半截又是"西化"的。而且这不仅停留在设计的层面上,有人已经将其化为现实了——电影明星张织云等人也是这身装束,上半截如旗袍,下半截如连衣裙,实际上就是这两者的合二为一。

第三,发布美国、法国等国外的时装与妆容流行讯息。有关欧美的最新发型,到底卷发应该是长、中长、还是略短,卷曲的波浪到底是大些还是小些,《玲珑》之中都有答案。而且当时《玲珑》杂志认为,"从前服装以巴黎为标准,现在美国也渐渐追上来了,尤其是好莱坞的明星们"。所以当时的《玲珑》杂志1935年总第213期分别以"女明星麦唐纳的新装五种""好莱坞之新装"与"好莱坞的新型服装"为题目推介了她们的晚礼服、连衣裙、夹克、斗篷、套装等。

第四,发表有关服装评论、化妆术、护肤术等相关方法的文章。沈诒祥之《廉美的服饰》,在"不反对新装,不反对美丽服饰"的前提下,加了一个"廉"字。此观点符合勤劳朴素的民族传统,也符合当时内忧外患的时代背景。同时也指出了达到此目标的条件是"有审美观念的人",他们才"常常能够拣得价廉物美的东西"。

同时评论家们也认识到"我们内部的完美就形成了外表的美来。"这里的"外表的美",指的是通过服装修饰出来的,或人的体格气质与服装相统一的美;这里的"内部的完美",指的是通过身体的锻炼而达到的身材的健美,同时也辩证地认识到人的健美体格是形成总体外表美的基础。

《玲珑》杂志还请人译制了一份表格,说明人们应如何在各种场合下选择西装,并就西装与衬衫、领带、裤、鞋之间的相互关系做了详细说明。此表名为《男子时髦服装的常识》,连载发表于《玲珑》杂志 1931 年总第 7 期与总第 8 期,开篇即道:"在最近的一期巴黎 ADAM 男装杂志里,刊载着一张春季该如何衣饰的表,兹特译了出来献给国内喜欢装饰的先生们"。我们也将此表列出,可以看看今天西装的着装规范与当时有何异同。

表6-3-1　《玲珑》杂志中的男子西装着装规范表

	早晨出门游散时的服饰	下午出访或赴茶会及展览会时的服饰	办公时的服饰	参加婚丧大礼时的服饰	驾车出门旅行时的服饰	普通晚餐及上夜总会打牌或普通戏院时的服饰	赴大跳舞会或上国立戏院及音乐会时的服饰
上衣	单排,纽扣可用二粒或三粒。质料:有显明条子或小点花纹的绵软羊毛料	双排纽。质料:深蓝或黑灰的光细呢	双排,四粒纽扣。质料:藏青的光哗叽。有条纹的亦可	一粒纽扣的大礼服,四围嵌丝带也可	单排三粒纽扣。质料:棕红色的Homespun	单排夜礼服,黑色或深蓝色	燕尾服,黑色或藏青色

（续表）

	早晨出门游散时的服饰	下午出访或赴茶会及展览会时的服饰	办公时的服饰	参加婚丧大礼时的服饰	驾车出门旅行时的服饰	普通晚餐及上夜总会打牌或普通戏院时的服饰	赴大跳舞会或上国立戏院及音乐会时的服饰
背心	单排或双排，同样质料或是鲜艳花背心也可	单排，同样质料	单排，同样质料	同样质料	素色的Pull-over	黑色或白色	白色单排或双排
裤子	同样质料下面须卷起的	同样质料下面无须卷起	同样质料下面无须卷起	花的条子	同样质料下面卷起的或是灯笼裤子	同样质料	同样质料两旁各嵌一条丝带
衬衫	花布联领的	白布的	白地有颜色条纹的布的	白的软的前面切成一条一条	Flanel的oxford联领式	硬门的，二个纽眼	硬门的，一个纽眼
领	软的	尖角，双层硬的	同衬衫同样布的，硬的	单层，前面对分开的。	软的	单层，两个尖角是分得极开的	单层，两个尖角是分得极开的
领带	颜色鲜艳，斜条或小点花纹均可	淡灰色，略带小花纹	素色或是有大点子的，颜色与衣服相反	大领片，插一枚珠针	阔斜条的，非鲜明的	黑的蝴蝶结	白纱的或是和背心同样质料的
帽子	软毡有卷边的，带一柄阳伞或手杖。一副棕色皮手套	黑的常礼帽	黑的常礼帽	缎的高帽子（大礼帽）	翻下的毡帽或是硬帽（Cap）	黑的软毡帽	黑缎的高帽子
鞋子	深棕色的用一副相近颜色的鞋套	黑皮，用一副白布鞋套	黑色，用鞋套	黑皮（切不可漆皮）一副淡灰鞋套	刺花的棕红的运动式鞋	漆皮 黑丝袜	漆皮 有条纹的黑丝袜
大衣	双排有阔切边的后面开一个大叉。质料：Harris Tweed	双排，黑色或深黑灰色丝绒领头	双排四粒纽扣，颜色深黑。手套一副，雨伞一柄	双排，开领极长的。深灰色手套	有腰带或无腰带的宽背式。羢织的手套	单排。领面上也贴绸的。白手套	日本衣式的披氅白手套 夜手杖

西装的穿着规范包含三层意思：第一是在什么场合下穿西装又在什么场合下不穿西装；第二是什么样的西装搭配什么衬衫、马甲、领带之类；第三是纽扣如何纽，扣哪个解哪个；口袋里装什么，哪只口袋装怀表，哪只口袋装打火机。把这一切作为讲究，是一种"体面"。尤其是在近代上海等地，开埠之初这一切甚至是作为西方文明的"知识"被引进、被传播、被崇尚的，不掌握这一套就不能成为一位文明士绅。当然这一套"规范"后来已渐渐淡化。

四、沪上四大公司

今天上海的南京东路号称"中华第一街"，是去上海旅游、观光、购物的人们的必经之地，就像去北京一定要去王府井一样。如果我们是从西藏路口进入南京东路，那么首先看到的是中百一店，然后向外滩方向走，依次是上海市第一食品公司、上海市时装公司，以及它对面的永安公司。事实上这些商厦在民国时期就已矗立于此，只不过当时的名称分别叫做"大新公司""新新公司""先施公司""永安公司"（这是四大公司中今日唯一沿用原名的一家），以下逐一道来。

"先施公司"是四大公司中率先创办的，开业于1917年，老板为侨商马应彪。先施公司是第一家由中国人开办和经营的现代化百货公司。此前南京路上已有英商惠罗公司等，完全是按照西方商业规范行事，比如完全没有我们所习惯的讨价还价一说，所有商品一一陈列，明码标价，售货员统一制服，并提供种种售后服务等。先施公司既有此前创办香港先施的经验，又有邻居惠罗公司为参照，固然得心应手，开创了不少上海中资公司的先例，比如同样一仲商品不二价等。另外，先施还在上海破天荒地首次雇佣了女售货员，其楼上还有上海最早的屋顶花园和游艺场，这一切都曾吸引了无数上海市民。其附设之东亚旅馆，种种设施在当时上海皆为一流。同时又设东亚酒楼，包括中西大餐、满汉全席与经济小酌、咖啡菜点等。另设豪华舞厅，聘女歌手表演。这样买、吃、玩、住都在先施的一幢大楼之内可以完成（图6-4-1）。

先施公司开张之日热闹非凡。那天鞭炮齐鸣、锣鼓喧天，门口拥挤不堪，门内人山人海，南京路也因此而堵塞，购物者、参观者群络绎不绝。女子时装、西装、衬衣、领带、皮鞋、礼帽等均有销售。

"永安公司"是四大公司中第二个开业的,时间为1918年,是四大公司中唯一一座坐南朝北的,由大洋洲华侨郭乐等人创办。著名相声表演艺术家马季先生曾在此打工。永安公司标榜经营"环球百货"为主体,故陆续在英、美、日等国设办庄采办百货,也组织土特产出口。至20世纪30年代,永安公司跃居"四大公司"之首,在国内外均享有良好声誉。

图6-4-1　先施公司外景

永安公司二楼专设布匹、绸缎柜台,是女士们的主要去处;三楼主要销售珠宝、首饰、钟表,无数红男绿女在此流连忘返;四楼的大件商品专柜更是有足够的场所与时间供富人们挑选货品。"顾客永远是对的",这条英文标语被制成霓虹灯置于商场的显眼处,也成为永安职工必须恪守的准则。同时,永安公司还采取发售礼券、代送礼品、开办邮购业务、定期进行大减价等经营策略吸引顾客。永安公司在管理上非常重视进货环节和资本积累,讲究经营和服务,其商场各部门分得很细,部门有四十余个之多。还有大规模的副业,包括七重天、大东旅社、舞厅、茶室、游乐场与天韵楼等。其中七重天当时是上海首屈一指的酒楼,因设在大楼的第七层,故有此名(图6-4-2)。

永安公司是一家充满了正能量的百货公司。上海"五卅运动"后抵制洋货,永安公司便开辟国货货源,并参加罢市;"八·一三"事变,淞沪会战打响,永安公司大楼被日军炮弹震碎了全部门窗玻璃,其员工积极捐献钱物,支持抗战;上海解放时,富商大亨纷纷外逃,而当时的永安经营人郭琳爽却拒绝了包机坚持留沪,并于20世纪50年代初第一个配合政府完成了公私

图6-4-2　永安公司发行的《永安月刊》

合营……确实，连这家公司的每一次更名都体现了当时的时代潮流。解放后它一度被称为"中百十店"，"文革"期间更名为"东方红商厦"，改革开放之初又更名为"华联商厦"，直到今日才恢复了"永安公司"的旧称（因为现在崇尚要把历史文化传统嵌进我们民族的基因）。

"新新公司"是其老板取"日新又新"之意而得名，开业于1926年1月，老板为李煜堂与李敏周。当时的上海滩已经习惯了大型百货公司的经营模式，因此在经营策略上若无创新之处，就很难与先施、永安抗衡。于是李氏在新新公司大楼的六楼设置了一座四壁皆为玻璃墙的"玻璃电台"，该"无线电话台"于1927年3月正式开播，成为第一座由中国人自设的无线广播电台。电台主要业务为：转播屋顶花园的游艺节目、播放唱片、转播戏曲，以及介绍新新公司销售的各类商品。所谓介绍商品，实际上就是播广告。尤其是"玻璃电台"的设置，不但使购物的顾客能够听到声音，还能看到播音状况，在好奇心得到极大满足的同时，也似乎加强了新新公司商品广告的真实性与可靠感。包括沪上绒线编结大师冯秋萍，也通过此电台讲授绒线编结的方法，这实际上也是新新公司销售绒线的绝妙广告（1949年上海解放时，新新广播电台第一个播出了上海解放的消息；同时旧社会的节目绝大部分都停播了，唯一延续播出的节目就是冯秋萍的绒线编织栏目）。同时，该公司首创在百货公司内开设理发厅，以及夏季冷气开放，科技"魔力"吸引了众多喜欢新奇的上海人前来购物消费。亦附设旅馆和储蓄保险业务。如同永安公司拥有自己的杂志《永安月刊》一样，新新公司也创办了自己的杂志《新新画报》，沪上名画家方雪鸪等人的服装设计作品常常发表于该杂志，基本上是新新公司的柜台里买什么布，方雪鸪等人就根据这些面料设计什么样的服装（图6-4-3）。

"大新公司"开业于1936年，所以最"新"，同时也最"大"。1936年1

月 10 日正式开张，地下室及一、二、三楼为百货商场，面积达 1.7 万多平方米，为全国百货商业之冠（图 6-4-4）。商品琳琅满目，摆设新颖整齐，一目了然。营业员服式整齐划一，男着黑呢中山装（部长西服系领带）、黑皮鞋，女着玫瑰色旗袍，食品及医药部外罩白大衣，一律胸佩商店编号襟章。室内设有电梯六部，其中一部专供运货之用，此外又从美国沃的斯公司购得自动电气扶梯两座，分别从底层到二楼及二楼到三楼，每分钟行速达 90 英尺，每小时可供 4000 人上下，顾客购物可免上下楼梯拥挤之虞。在当时是远东首家使用，因此引起市民好奇，皆以能捷足一试为快。为避免拥挤，开幕期间除印发入场请柬外，并发售兑货券，每张四角，凭券入场，按值兑货。连日在沪地各大报刊预告开幕日期，广告中以"推销中华国产，搜罗美备；选办环球物品，总汇精华。本公司自建十层大厦，设备电动扶梯，无劳跨步；装置冷暖气管，四时如春"相招徕。除百货商场外，新厦四楼辟为画厅展览室及总办公室；五楼设大新舞厅及大新五层楼酒家，聘请名厨，供应中西酒菜宴

图6-4-3　方雪鸪发表于《新新画报》的新款时装

图6-4-4　《良友》载大新公司外观

图6-4-5 与《永安月刊》封面影星陈燕燕所着同款旗袍

筵;六楼至十楼为大新游乐场,内辟电影场、各种游乐剧场及屋顶花园,上海大新公司设有问讯处、服务台、妇婴休息室,开展了发售礼券、特约送货上门等业务,为广大顾客提供了方便。地下室特设廉价部,及时处理背时积压货物。糕点部设有专柜,供应现煎现卖的多福油饼和用电热板加温的热牛奶,柜旁备有座位可随时进食。在节日或商店开张纪念日给顾客以优惠折扣,或用摸彩、赠奖等助兴的办法吸引顾客(图6-4-5)。

至1953年11月,经申请核准改为国营上海第一百货商店,成为全国最大的百货商店。目前公认的说法是,如果说南京东路是中华第一街的话,那么"中百一店"就是中华第一店。

五、电影皇后胡蝶

上海是世界上第一批放映电影的城市之一。第一次在徐园上演"西洋影戏"是在1896年,仅比卢米哀尔兄弟晚了一年。电影很快成为一门大众艺术,观众多,影响大,门槛低(既指价格适中,也指无须识字——无声片需要识字,但无声片很快就被有声片淘汰了)。尤其是对于服装的传播来说,电影还有一个当时的其他媒介都无法比拟的优势,那就是直观,一目了然。对于"大波浪"的烫发,对于高跟鞋,对于西式晚礼服……电影的"搬运"作用毋庸置疑。其中"时装片"对时装的影响更是直接。本来就是天生丽质的电影明星,再加美轮美奂的时装装扮,当然让人炫目并试图"追星"(虔诚性摹仿),或让人心生妒意也会摹仿(竞争性摹仿)。

有电影当然就会有电影明星。让我们把铺着红地毯的星光大道延伸到半个世纪之前吧!

胡蝶,1907年出生于广东鹤山,原名胡瑞华。1925年考入中华电影学校,后入"明星"公司,主演过《女律师》《歌女红牡丹》《啼笑因缘》《姊妹花》《劫后桃花》《绝代佳人》与《春之梦》等电影,官方评价是"中国电影史上最著名的女演员之一"。民间的评选则把这"之一"给拿掉了,直接册封"电影皇后",也就是第一名(附带说明一下,在那次评选中阮玲玉被选为第二名)。

其实胡蝶的脸型很"传统",尤其是那一对酒窝,正是传统美女的标志。那又是一个拿电影画报当时装杂志看的时代,所以胡蝶与时尚圈的关系尤其密切。她参加了不少当时专业的时尚活动,包括时装摄影等平面展示与时装表演等动态展示。从当时的报纸与杂志中可以寻其芳踪。胡蝶实际上就是当时静安寺路(今南京西路)上的那家最著名的女子西装店——"鸿翔"的代言人,她为"鸿翔"拍过好多时装照,她在"鸿翔"定制的绣有蝴蝶的婚礼服也被大肆渲染。胡蝶还为当时的"无敌牌"蝶霜做了一则影响深远的广告,用了胡蝶的两张照片作为对照:"胡蝶今昔容貌之比较——未用蝶霜前胡蝶容貌很美,用了蝶霜后胡蝶容貌更美。"此种"使用前"和"使用后"的对照成为半个多世纪以来,至今屡试不爽、乐此不疲的经典与范式。

胡蝶与阮玲玉的居家生活照也在当时的电影画报中被曝光,供当时的追星族参考。其中胡蝶身着改良旗袍的形象最为撩人(图6-5-1、图6-5-2)。其中一款是梳长辫、留刘海,着"细香滚"改良旗袍,大襟右衽,收腰开衩,主要特点是从领口沿开襟而下的滚边特别精细,故称为"细香滚"或"韭菜边"——像一炷香或是韭菜那样细。另一款是大波浪卷发,着宽边旗袍,主要特点镶边极宽,且用西式圆点印花布来做,在中西合璧的改良旗袍的基础上再加一些西洋的戏份。胡蝶所着改良旗袍的影像是旗袍史

图6-5-1 胡蝶1

图6-5-2 胡蝶2

图6-5-3　阮玲玉

上的一个"范式"。这种旗袍是直接表现女子的身形的，所以对于身形的要求高得苛刻，胖一点点不好看，瘦一些些也不好看。所以有着匀称身材与甜美笑容的胡蝶是改良旗袍的最佳"形象代言人"。阮玲玉身着改良旗袍的形象同样妩媚，着高领旗袍，短袖，这是20世纪30年代初期的时髦样式；用印花布来做，两道滚边，一粗一细，更显奢华（图6-5-3）。

但是不管怎样，电影明星总是一个众人仰视的职业。所以经常与胡蝶搭戏的另一位明星梁赛珍把她的三个妹妹都带进了娱乐圈。四朵金花的名字分别叫作梁赛珍、梁赛珠、梁赛珊、梁赛瑚，连起来就是要赛珍珠、赛珊瑚，不错，命名者的愿望如此，客观事实也是如此。

另外，电影明星们直接参与到服装行业中去，也是民国时期上海常见的一种兼职。因为明星效应是时尚圈的永恒主题。欧洲18世纪的时尚明星就是蓬巴度夫人自己，自查理·沃斯更加专业地把自己的太太玛丽·沃斯培训成模特之后，贵妇人本人渐渐退居二线（这一行太危险，弄不好弄个年度最差服装奖而被娱乐一回），让位于专业的模特。20世纪上半叶上海的时装表演，论模特的出身，基本上是电影明星、大家闺秀、交际花三分天下。或者说电影明星兼职服装模特，是当时模特们身份的三大构成之一。她们参与到商业性表演中，这对于时尚的影响比较直接；同时也出现在赈灾义演等场合，在1935年总第101期《良友》杂志报道的一次"慈善筹款"时装表演中，我们可以检索到顾兰君、顾梅君、严月娴、宣景琳、朱秋痕、徐琴芳、曾文姬等一长串当时当红明星与名媛的名单。她们引导了当时的时尚，而从这一层意义上讲，她们甚至是比较崇高地引导了时尚。

六、美人鱼杨秀琼

1933 年,在南京中央体育场举行的民国第五届全运会上,原籍广东东莞、代表香港队参赛的游泳选手杨秀琼先后斩获 50 米自由泳、100 米仰泳与自由泳、200 米蛙泳四金,后又参加 4×50 米接力赛获冠军,一举成为当时十分耀眼的体育明星。当时的国民政府主席林森邀其为座上客,宋美龄认其为干女儿。1935 年,民国第六届全运会在刚落成的上海江湾体育场举行,已经声名显赫的杨秀琼因平时社交与商务活动频繁而疏于练习(与今日之成名运动员的情况颇为相似),但仍收获两金。媒体再次争相报道,梅开二度。

一个全运会一般涉及几十个运动项目,由此而产生的冠军、明星会有上百人,为何女子游泳惹人关注?为何杨秀琼特别惹人关注?

首先,在民国前的封建中国,对女子的基本要求之一是笑不露齿、足不出户,体育锻炼等户外运动极少。正因为如此,所以每年春天逛个庙会才会那么高兴,才会那么容易引发与异性的一见钟情。而民国时期封建束缚逐渐松绑,女校开始兴盛起来,女孩走出家门走进校门,接受了西式现代教育,也接受了田径、游泳等现代体育活动与交际舞等现代社交活动(杨秀琼本人即是在香港尊德女校念书)。但这样的女孩在当时仍然是少数,用专业表述叫作中小学教育适龄青少年入学率很低,女性更低,而体育成绩出众的女性就更是凤毛麟角了,所以这是杨秀琼得以万众瞩目的原因之一。

其次,一般来说游泳运动员的身形都十分健美、标准(不可否认另外某些项目因为竞技专业需要而使运动员过高、过矮、过重、过轻),杨秀琼固然也是如此。但同时杨秀琼还拥有姣好的面容,也就是说她是集运动员的身段与电影明星的脸蛋于一身。游泳游得快的人多了去了,但同时还兼有电影明星般美貌的就少见了,就像汽车开得快的人多了去了,但又能成为作家的仅韩寒一人而已。所以这是杨秀琼得以万众瞩目的原因之二。何况游泳项目的专业运动服又相对暴露,尤其是相对于当时的日常服装来说那是相当地暴露了。据说当时尚有清末遗老遗少在观赛中见到泳装女子而主动退场的现象,他们是秉承"非礼勿视"的道德准则行事;但对于大多数普通观众来说,他们是来观赏比赛,又是来观赏美女比赛,还是来观赏衣着不再那么含蓄的美女比赛,岂不因为大饱眼福(艳福)而欢呼雀跃?

那么,杨秀琼当时的泳衣是何型何款? 这也正是本文的主题。

泳衣与作为现代竞技体育项目的游泳一样都是舶来品。但即使在西方,泳衣的历史也并不长。在希腊、罗马时期,人们都是裸泳,就像希腊古典奥运会都是裸身参赛一样(所以才禁止异性参加)。直到17至19世纪才逐渐出现了泳衣,但那还是由连衣裙与灯笼裤所组成,实际上就是贵族日常服装的简化版,所以有专家认为穿这样的泳衣游泳具有一定的危险。20世纪早期的泳衣包括泳帽、长袖泳衣、泳裤、泳袜与泳鞋,也与日常服装的配备几乎一样,主要区别仅在于是用拒水材料制作而已。而且衣裤上均要设计放松量与皱褶,以防止女性出水时,泳衣紧贴身体而显露身形(这不奇怪,因为在当时的美国,还有女性因为路过积水把裙摆提得过高而被拘捕的)。但是这样的泳衣与"更高、更快、更强"的现代竞技精神相背离,不仅不会更快反而会更慢,于是泳衣的改革势在必行。

这场改革是大刀阔斧的。泳裤、泳袜与泳鞋一律取消,只穿一件紧身的连体式泳衣,而且这件泳衣取消了衣袖(我们今天常见的泳衣就是此款)。至于戴不戴帽子,让运动员自己选择。20世纪40年代末,这件泳衣又被分离成乳罩与三角裤两个部分,被称之为"三点式"泳衣或"比基尼"泳衣,意思是其视觉效果堪比在比基尼岛上进行的核试验!

图6-6-1 杨秀琼在1935年全运会上

在连体式泳衣与比基尼泳衣之间还存在一个过渡款式,这个款式就出现于杨秀琼运动生涯的高峰期——20世纪30年代。王受之先生在《20世纪世界时装》中写道:"上面是乳罩,下面是短裤,这是现代流行的两段式女泳衣的最早模式。但也考虑到当时的穿着习惯,两段没有截然分开,在乳罩与短裤之间还用一个环和几根带子连了起来,在视觉上造成一种整体的感觉。"可以把王老师的这段文字与1935年总第20期《美术生活》中所载杨秀琼在江湾体育场泳池边的留影做一比照,发现完全一致(图6-6-1),正是此款! 说明当时杨秀琼不仅游得快,长得美,连泳衣也是那个时代最时尚的!

所谓红颜薄命,因为美女往往容易被更多的人所惦记。所以杨秀琼结婚又离婚,后嫁给一个师长成为人家的第十八姨太……就此打住,因为偏题了、低俗了、八卦了。

七、"鸿翔"今昔

听说天津的估衣街拆迁,坊间甚传冯骥才先生以老身阻挡推土机之壮举;现在上海的圣玛利亚女中(曾为东华大学长宁校区)原址也已拆迁。

这两件事情一个性质:即在我们现代化的进程中这些近代历史遗迹的去留问题。从宏观的历史发展趋势来看,现代取代近代,未来取代现代,是历史巨人前进的不可逆转的步伐,那么,我们中的一些人为什么不是欢呼雀跃而是满面愁容?为什么不是豪爽地"斩立决"而是忸怩地试图挽留些什么?

这个问题还未解决,忽又闻线人通报:上海的百年老店(夸张了——准确地说是九十多年老店)"鸿翔"也要迁出原址了。借用互联网上的报道:"今天,上海老字号鸿翔百货将正式与这个地段告别,取代它的或将是首次进驻中国的英国最大百货公司——玛莎百货。"

让我们遥望 1917 年的上海静安寺"张园",在这个"辛亥革命"中孙中山、章太炎等革命先辈宣传共和的革命圣地,新开了一家女装店,老板唤作金宝珍(即金鸿翔)。他与孙中山没有直接关系,但是与孙夫人有些关联——都是来自上海浦东川沙的老乡。所以有人把金鸿翔归结为红帮裁缝是有问题的,因为红帮裁缝从籍贯上讲应是奉帮裁缝,那倒是应与"老蒋"去攀老乡了。当年"鸿翔"正式落脚的静安寺路(今南京西路)863 号,几乎就是今天"鸿翔百货"迁出的原址。后来"鸿翔"在南京路(今南京东路)586 号又还开了一家"分号"。

"鸿翔"是史家公认的国人创办的第一家西式女子时装店。它建立了近代中国女子时装业的若干个"标杆"。

首先,是十分西化的设计。在"辛亥革命"与"新文化运动"之前,我们中国人的穿衣问题主要靠老祖宗来解决。"黄帝始去皮服布",意味着摆脱了原始愚昧而进入到文明阶段，这个"布"就是"上衣下裳"，这个"上衣下裳"我们一穿就是五千年。期间虽然小改小革不断，但总的形制一直作为"华夷之辨"的威仪而不可动摇，我们有一个特立独行于世界民族服装之林的体系——也可以叫做有"个性"。而在"辛亥革命"与"新文化运动"之后，我们穿衣的凭据一下子变成了依赖于外洋——要"与各国人民一样，俾免歧视"，从有"个性"变成了讲"共性"。金鸿翔本人也在这个大背景下由中装裁缝变成了西装裁缝，而且为了使自己的西装技术更正宗，还于1914年随舅舅到俄罗斯海参崴的西装店打工。因此做好、做大西式女时装成为鸿翔店的宗旨。为此，当年的"鸿翔"订了《美开乐》等外国时装杂志，让顾客从中挑选中意的款式；为此，当年的"鸿翔"聘请了汉希倍克这样的外籍设计师，干脆"洋"到极致；甚至有段时间"鸿翔"的包扣工都是用的犹太籍工人，甚至太平洋战争期间外国时装杂志进不了上海，"鸿翔"的师傅只能自己摸索着设计，等战后收到杂志一看，嘿！就是这个样！说明已经"西"到骨髓里去了。

其次，是"前店后场"的经营模式。"前店"是一个营业场所，"后场"是一个加工场所。"前店"接待顾客，通过喝咖啡、看杂志、聊天来了解客人的审美趣味，然后确定服装款式与面料；"后场"把"前店"接下来的"生活"以严谨的态度、高超的技艺进行加工，包括做样、试穿、修改等一整套顾客都会嫌麻烦了而师傅们仍然乐此不疲的环节。这个做法与欧洲高级定制时装的做法非常相似，难以考证的是，这是英雄所见略同，还是金鸿翔少年时期跟随舅舅到俄国学来的本事？

再次，是强烈的广告意识。民国前的中国服装无需广告——家庭"女红"反正是自己做自己穿，而那些"东织室""西织室"做出来的衣服实际上是发给官员穿的。而在这个时期的上海，在这样繁荣的女子时装业中，"酒香不怕巷子深"的时代结束了。金鸿翔本人就说过："要使鸿翔这块招牌响亮，除了货真价实外，还要靠做广告去宣传"。所以他傍上了当红影星胡蝶做"鸿翔"的模特，在胡蝶1935年11月婚礼之际，奉上绣满100只各式蝴蝶的礼服；而胡蝶身穿"鸿翔"的"百蝶裙"婚礼服，又留下了一个时代的经典。用今天的话说叫"强强联合"（图6-7-1、图6-7-2）。宋氏三姐妹也是"鸿翔"的客人，宋庆龄还喜欢还价,她指着宋美龄说:"我不像她那么有钱。"但得到大实惠的还是金鸿翔,他得到了宋庆龄"推陈出新,妙手天成,国货精华,经济干城"的亲笔题词,他还得到了蔡元培"国货津梁"的匾额,放在今天鸿翔也会成就"标王"了吧。

在"鸿翔"此次搬迁之前,它的兴衰史上的任何一次大变动都与政治密切相关。或者说,政治因素的影响因子比经济因素要大。它的企业史是中国近现代史的一个缩影,一点都没错。

图6-7-1 胡蝶代言 "鸿翔"晚礼服1

图6-7-2 胡蝶代言 "鸿翔"晚礼服2

但是,这次搬迁显然与政治无关。决定它的根本原因在于经济,准确地说是商品经济,更准确地说是利润。是"利润"驱动它从服装专门商店变成了百货商店,也是"利润"驱动它从销售自己的品牌变成销售别人的品牌(在搬迁之前,"鸿翔制衣"就已经只是"鸿翔百货"的很小的一部分了)。但我们无意责怪"利润",它是商品经济的原动力,同样在搞商品经济的"鸿翔"当然不能免俗(图6-7-3)。

另一个可能有关的因素就是文化。在改革开放之初,中国时装界与中国足球队同时立下了一个走向世界的誓愿,那么不争气的中国足球队在2002年进入了"世界杯",那么争气的中国时装界至今却还徘徊在巴黎之外。教科书上说一个优秀的设计

图6-7-3 "鸿翔"女装的广告

师、一个优秀的品牌需要具备的素质与条件是：勤奋、天分、品质、机遇、艺术与美、合理的性价比……谁要说我们中国时装界缺其中一样，那真是比窦娥还冤。但我们怎么连中国足球队都不如了呢？问题在于我们缺失了自己的历史传统。这种缺失不仅包括古典的农业文明，也包括近代上海等沿海地区所形成的"中西合璧"的工业文明与商业文明，比如像"鸿翔"这样已经在服装领域取得的成就与地位。

我不是历史学家也知道，历史的进程是"渐进式"的，而服装的发展在"渐进式"的同时还要加上一个"循环式"（这就是学机械的不用学机械史而学服装的要学服装史的原因），这一切都表明服装这个东东不能是无源之水。"鸿翔"本身就在改革开放之初上海服装业的复苏过程中发挥了旗舰的作用，它利用很深的根基，迅速地开发了新的产品，它所获得的商业部和上海市优质产品称号的荣誉，就是对这个过程的肯定。

至此，本文开头提出的那个问题似乎已经解决，但接下来的问题是，当经济与文化产生冲突时怎么办？更直接的表述是，当"鸿翔"这个老牌子钱赚得不够的时候怎么办？能不能回避这个问题？首先，我们中国人不能回避这个问题——作为劳动密集型行业的服装业是很多中国人的饭碗，中国本身也是一个巨大的服装市场，而且随着人民生活水平的提高，这个市场还会越来越大。所以这个市场不能丢。而要做好这个市场，需要经济与文化和谐并存，一个搭台，一个唱戏。

八、徐志摩开服装店

徐志摩开书店是大家都知道的，而且这与他的文人身份有关；但徐志摩还开过服装店，知道这个事的人就比较少了。而且一般来说写诗是"高大上"的事（阳春白雪），做衣服又是一件十分接地气的事（下里巴人），这两件事差距太大，大得甚至有人质疑徐志摩开服装店的真实性。

且看《北洋画报》1927年8月27日的报道《上海新企业云裳公司之开幕之所见》，有文有图有真相。文说"上海新开之云裳公司，专制妇女时装衣服及装饰品……公司股东之尤者有胡适之，徐志摩夫妇等"；图有"云裳公司股东徐志摩君及其夫人陆小曼女士"（图 6-8-1）。此文图已经可以明确云裳公司的股东有三人，即"五四"运动的旗手胡适、徐志摩与陆小曼。另据《上海画报》1927 年 7 月 15 日《云裳碎锦录》报道，在"云裳"开业后三天曾经开了股东大会，出席会议的有董事长宋春舫，常务董事徐志摩与唐瑛，董事周瘦鹃、陈小蝶与谭雅声夫人。这么说其股东有了八人。

图6-8-1　"云裳"股东徐志摩君及其夫人陆小曼

"云裳"的股东应该还有第九人，那就是徐志摩的前妻张幼仪。问题来了，张幼仪不是前妻么？但当时张幼仪是离婚不离家，她由徐家的媳妇变成了徐家的干女儿，继续掌管老徐家的产业。同时张幼仪十分能干，善于经商，同样作为"海归"的她亦做到上海银行业的高层。所以徐志摩穷，张幼仪富，徐志摩开店的钱是张幼仪出的，这个可能是相当地大。所以台上是徐志摩与陆小曼，幕后是张幼仪。让人佩服的是徐志摩的本事，与现任开店，让前任出钞票；同样让人佩服的是张幼仪的品德，已经不是自己的先生了，但照样支持人家干事业。

老板们已经一一亮相，再来让"云裳"的员工们闪亮登场吧。

设计师：江小鹣。1927 年 9 月 6 日《上海画报》介绍其为："任事之艺术家……曰江小鹣张景秋二先生是。江为名儒建霞先生之公子，家学渊源，初负笈日本，有声于留学界。"《北洋画报》的介绍为："其艺术部主任为江小鹣，留东外史中之有名人物也。江君又曾留学巴黎及维也纳。"综合这两份简介，我们可以知道以下信息：设计师江小鹣是留日与留欧的"海归"，在留学生中声名显赫。回国后从事雕塑创作与建筑设计工作（苏州甪直千年古刹保圣寺中中西合璧的罗汉堂便是他的大作），并以艺术部主任的身份主持着"云裳"的设计工作。这在当时的服装圈很是普遍，因为当时十分罕见服装设计师这一行，所以服装设计师的工作往往是请美术家来兼职的。

模特：陆小曼与唐瑛。作为夫人，而且又有容貌，陆小曼充当"云裳"的

图6-8-2 作为
"云裳"模特的陆
小曼

模特责无旁贷。她毕业于被称为"法国学堂"的北京圣心学堂,文学、戏剧与美术都有所成就。曾在一次画展后留下了"陆小曼的画不是最好,但最有名"的评价。在"云裳",徐志摩与陆小曼的的关系可以美好地比拟于世界时装泰斗查理·沃斯与玛丽·沃斯,既是夫妻关系,也是老板与模特的关系。所以在1927年他们的"云裳"店开业时,陆小曼当然不让作为主角登场(图6-8-2)。同时还叫上了她的好友唐瑛助阵,唐瑛在民国时期上海的"十里洋场"上号称"交际南斗星"。当时的所谓"南唐北陆","北陆"是陆小曼,"南唐"即是唐瑛。所以"云裳"的两名模特是南北双星闪耀。唐瑛毕业于上海"中西女中",她的名校文凭与美貌一样都是交际名媛的硬件,且周瘦鹃在《香云新语》文中称其"为上海交际社会中之魁首……其一衣一饰,胥足为上海闺秀之楷模"。当时上海滩上的重要时尚活动都少不了唐瑛,或者说少了她活动的成色就降低了。所以陆小曼与唐瑛同时现身"云裳"开业典礼,是徐志摩的面子与荣耀。

媒体报道:周瘦鹃。他是现代文学大家,《礼拜六》与《紫罗兰》杂志主编兼主笔,鲁迅誉其为"昏夜之星光,鸡群之鸣鹤"的通俗文学与通俗出版业泰斗。当时社会上有"宁可不讨小老婆,不可不看礼拜六"之说,所以周瘦鹃被归置于"礼拜六派"或称"鸳鸯蝴蝶派"的代表作家。周瘦鹃为"云裳"开业的通讯报道写了两篇,分别是发表于《申报》1927年8月10日的《云想衣裳记》与发表于《上海画报》1927年8月15日的《云裳碎锦录》。一个开业通讯,便是由此大家撰写,也许这也是给徐志摩的一个面子,彼此都是文豪。周先生还采写过对"云裳"董事兼模特唐瑛的系列报道,详见《上海画报》1926年12月15日《古色古香记》,1926年12月18日《新妆列艳记》,1927年5月15日《香云新语》,1927年8月9日《唐瑛女士访问记》与1927年10月12日《百星偿愿记》。

匾额书写:吴湖帆。吴氏与周瘦鹃是苏州老乡,也都是民国时期在沪上立足、发达,只是一人作文,一人作画。所以周瘦鹃办的是杂志社,吴湖帆办的是书画事务所。他被认定为20世纪中国画坛重要的山水画家、书法家与文物鉴定家。他来书写"云裳"招牌，完全不让那些股东仁的显赫身份。当时报道说"云裳"二字字作篆体，金地银字，既古雅又引人注目云。

连"云裳"的顾客都是那么强悍。据《云裳碎锦录》的记录有："张啸林夫人、杜月笙夫人、范回春夫人、王茂亭夫人，皆上海名妇人也。"且她们"参观一切新装束，颇加称许"，末了"各订购一衣离去"。不要以为她们点赞是出于社交礼貌，她们是真心喜欢这里的新装束，因为"他日苟有人见诸夫人新装灿灿，现身于交际场中者，须知为云裳出品也"。

显然，如此强大的股东、员工与顾客阵容，当然可以被称之为是"史上最牛服装店"啰。其地位亦得到新闻界首肯，民国报人曹聚仁在他的《云裳时装公司》一文中写道："当年静安寺路、同孚路一带，都有第一流时装公司，其中以云裳、鸿翔为最著"。"云裳"的影响力还折射到了其他领域，来自上海影戏公司的电影导演登门拜访，想合作拍摄时装电影。另当时汽车尚不普及，而车展更是稀罕。但是"云裳"已有模特充当车展的车模（图6-8-3），真是诗人般的超前前卫。

图6-8-3 "云裳"的车模

至此徐志摩开服装店的故事已经属实,那么质疑的疑云如何生成? 主要是来自于后人的一些回忆录。这些回忆录一般是半个世纪后所作,在具有极高的史料价值的同时不免也有瑕疵。即使是曹聚仁这样的名记者,在 20 世纪 60 年代回忆"云裳"时,也用了"云裳初创,那是民十六七年的事"这样的模糊词语——到底是开业于 1927 年还是 1928 年? 语焉不详。但这种语焉不详正是一种科学的态度与作为报人的素质,有依据就说,没有依据就不说,事实不清的就含糊地说。所以在新闻报道与回忆录之间产生争议的时候,我们好像更愿意相信媒体。那么当事人自己怎么说? 徐志摩当年给友人的信中写道:我最近开了两个店,一个是书店(指"新月"),一个是服装店(指"云裳")。当然即使是本人的书信,若要作为依据的话,仍然需要与其他史料结合起来形成一个证据链才可以被采信。好在 1927 年间的《上海画报》《北洋画报》与《申报》等当时的媒体刊登的徐志摩开店的故事提供了一个相对可信的版本。

好不容易把徐志摩开服装店的事梳理清楚,但这家唤作"云裳"的店到底是念"云裳"(yún cháng)还是念"云裳"(yún shang)? 古代的"上衣下裳"的"裳"得念 cháng (第二声),这里的"裳"是"裙"的意思。现代的"衣裳"的"裳"得念 shang (轻声),是衣服的泛称。徐志摩与李白是同行,所以"云裳"店名出自"云想衣裳花想容"的诗句的可能性很大,若是如此便是"云裳"(yún cháng);但若是仅仅想表达一个现代汉语关于衣服的泛指,那显然就是"云裳"(yún shang)。当初是怎么想的确实很难考证,想法是一种人的主观意识,我们后人也只能凭我们的主观意识去推测,难以建立客观的逻辑链条。但大家心里显然都有数,哪种念法平庸,哪种念法有诗意。

九、为假冒伪劣打官司

假冒伪劣的商品好像哪朝哪代都有。既然"天下熙熙,皆为利来;天下攘攘,皆为利往",于是总有人觉得做假冒伪劣比做真家伙更容易获利——那是当然,因为假冒伪劣的成本显然更低。于是在民国时期就出现了假冒当时名牌衬衫"新光"的山寨产品。于是"新光"衬衫厂立即报警,于是当时的法院就进行了调查与判决。所有发生这一切过程的文本材料至今仍然十分完整地保存在上海市档案馆。

于是我们现在就可以根据相关档案复原当时这个事件的全过程。

首先,是一份举报材料:"傅先生(这里的傅先生是指新光衬衫的老板兼上海衬衫业同业公会会长傅良骏)大鉴:贵厂出品内衣,畅销全国,誉驰中外。唯近有冒牌次货发现,普通领冒订科学领、劣质杂牌内衣改订新光商标,鱼目混珠,揽销一般。急需运往内地客户,故沪市颇难发现。长此以往,对于贵厂信誉殊为不利。经侦查结果,得悉其来源为贵厂高级职工所为。此后请将各式商标装潢品,妥为保管,勿使散漫各处。以免为患,特此敬告。并请台安。恕不具名"。此材料举报了三个内容:第一,发现了使用"新光"商标的劣质衬衣,主要是在上海以外的其他地区;第二,查得此事为"新光"之"内鬼"所为,且来自企业高层;第三,建议采取防范措施。

接到举报后,"新光"厂不敢怠慢,赶紧调查取证并立即报警。此也有相关档案为证:"幸赖各界人士奖勉与爱护,业务日渐扩展,薄负声誉,兹闻湖南一带,有人仿冒本厂商标及商号,制成劣质内衣,欺骗顾客,蒙混行销渔利。本公司物质上与信誉上所受损失巨大,查假冒商标商号应负刑事罪责,务祈当地司法机关军警新闻以及社会当局赐予协助……"从这份档案中,"新光"厂首先简要介绍了企业的厂址、规模、品种、品牌与销售地区等重要信息,让大家知道自己是一家响当当的正规大厂。接着笔锋一转,说明了在湖南等地发生了仿冒该厂"司麦脱"商标的劣质衬衫的情况。这与举报信的内容相符,也是该案的核心内容。末了提请司法机关处理。

最终法院审理判决结果如下:"民国二十六年六月九日到江苏上海第二特区地方法院刑事判决正本——本院判决主文:被告张××意图欺骗他人而仿造已登记之商标,处罚金一百五十元,如易服劳役,以三元折算一日。仿造之商标一张没收"。法院判决被告败诉,并给予了相应的处罚。一百五十元对于平民百姓不是小钱,但对于商人来说也不是大钱,根据1937年6月《申报》所载折算标准约合黄金二两,所以总觉得处罚力度不够。若是不付钱改劳役也不过五十天,说明犯罪成本太低。怪不得这个问题以后仍屡禁不止,原来是民国时期就没有处理好。

那么"新光"究竟是一家怎样的企业？上海市档案馆也有相关文本可以说明。其中该厂经济部的厂务报告表数据十分详实：

图6-9-1　新光衬衣广告之一

该厂员工总数接近1200人，其中管理人员为214人，技术人员为21人；工人总数为903人，其中男工为399人，女工为315人，童工与学徒为189人。若是按照操作熟练程度来分，其中"技工"人数为816人，"粗工"人数为87人。至1948年，员工人数达到了1900余人，其中职员300余人，工人1600余人。而同时期上海其他衬衫企业的员工一般只有几十人到上百人，更显得"新光"一家独大（图6-9-1）。

该厂年产包括衬衣在内的各种内衣10.26万打。年产府绸12.95万疋（府绸是当时制作衬衫的主要面料）；漂染布疋25.8万疋（"新光"具有独立完成从织、染到缝纫一条龙生产的能力）。至1948年达到每月出品内衣2万余打。这些产品畅销国内外，其主打品牌"司麦脱"衬衫更是声名显赫，不仅在国内深受欢迎（所以不"山寨"你"山寨"谁），还出口到新加坡与缅甸等地。1948年第13期《中国生活》对此有十分生动的报道："目前无论在国内任何城市，只要你到百货商店的玻璃窗前稍一逗留，便会发现那琳琅满目的货架上，一定总摆着几件'司麦脱'衬衣"（图6-9-2）。而且"如你走进门想选购几件衬衣的话，殷勤的店伙计

图6-9-2　新光衬衣广告之二

首先便拿出'司麦脱'的给你看"。

该厂现代化机械充足。拥有织布机 463 台;织造准备机器 82 台;丝光车 2 台;染色机 28 台;烘燥机 3 台;其他整理机器 13 台;各式缝纫机 359 台。这些数据表明该厂已普遍采用机器织造与缝制生产。近代国人认为清末引进的缝纫机的优点是"细针密缕,顷刻告成,可抵女红十人";缺点是"只可缝边,不能别用"。这里的"别用"显然是指中国传统的手工技艺,比如镶滚、盘扣、刺绣等。而衬衫结构简单,工艺简单,直缝多,批量大,对于缝纫机来说十分有用武之地。

衬衫业是民国时期服装工业的重要支柱。清末民初先进人士首开风气而改着西装,那么与之匹配也需要内衬衬衫。可当初无论西装还是衬衫,均有赖于舶来品的供应。所以各大商埠洋行林立,英商"惠罗"公司等外商经营环球百货生意兴隆。但逐渐地,民族西装业应运而生,宁波裁缝来到上海,成就了大名鼎鼎的"红帮"西服的伟业。那么与之匹配的衬衫业自然也会发展并逐步兴盛起来。

直到 20 世纪 30 年代前,衬衫还都是美货、欧货居多或者是由日本人在沪设厂制造。国产衬衫当时不多,只有西服店附带缝制,零星供给少数定制西服的客户。不久由日商工厂出来的工人,组成了小型作坊,专业缝制衬衫。1920 年至 1921 年间,上海有"振华"衬衫厂与同样也制造衬衫的"莹昌"雨衣厂先后开办起来,这是我国民族衬衫业的先驱,但起初规模都不大,每家每月生产量不过 500 打至 800 打左右。

20 世纪 30 年代至 40 年代是沪上衬衫业的全盛时期。衬衫企业已增至250 余家,工人达 3000 余人,缝纫机车达 1600 余部,生产量每月高达 5 万余打。除了内销之外,南洋等地的外销市场亦十分火爆。因为太平洋战争爆发后,南洋侨胞嫉恶日本侵略扩张,纷纷抵制日货,欢迎国货运往供销。这是当时衬衫业兴盛发达的又一原因。

衬衫业又是现代成衣业在中国的最初实践。相对于西装业、时装业的定制生产,衬衫业的生产方式是全新的和革命性的。这种方式纯粹是、直接是工业革命的产物,即使在西方也是 19 世纪中叶才发生的事。具体又有两个指征：一是用机器来做（凑巧有人发明了缝纫机）；二是根据预先设计的规格来做（凑巧有人提出了号型概念）。它的基本特征就是批量化生产——此前做衣服是一件一件地做，工业化后改成一批一批地做。这样就大大提高了服装的生产效率，是服装生产"商品化"的前提（我们今天所说的与所穿的"成衣"就是这种生产方式的产物）。民国时期的民族衬衫业率先采取了如此先进的生产方式来生产，其意义已经超越了服装本身，对于整个近现代工业的生产方式、管理方式与营销方式都提供了可供借鉴的范例。

"新光"衬衫厂及其"司麦脱"品牌至今还在生产与销售中，连地址都没换。在上海市档案馆藏1949年《关于上海市私营衬衫工业概况》中，"新光"厂登记的地址为唐山路216号，而今日厂址是在唐山路215号。如何差了一号，有待于另外一个领域的专家去研究。只是另外一件事有些让人揪心。2004年辽宁省质量技术监督局发布告示，题为《真假"司麦脱"衬衫识别》，说明了"新光"衬衫厂及其"司麦脱"品牌与"李鬼"的斗争持续了半个多世纪，至今仍在进行中！这可不是一个好现象，那么长时间、那么多人不把诚信当回事绝不是一件小事。所以对于知识产权的保护工作与对于假冒伪劣的打击工作，任重而道远。

十、都市新女红

"'冯小姐，蝴蝶花是这样结的吗？''冯女士请你把大衣的开领法教给我''密司冯，珠串花怎样织的？'几位求知欲很强的姑娘，手中拿着结绒线的棒针或钩针和各色的绒线，纠缠着冯女士。冯女士很耐心很和气的，把绒线编织法，详详细细地教她们"（图6-10-1）。

这就是当时学习绒线编结的热闹场面，冯小姐冯女士就是大名鼎鼎的冯秋萍。这是1936年12月14日《时事新报》的一篇报道，题目叫作《冯秋萍女士谈毛绒编织法》。

早期中国没有绒线厂。而在欧洲，作为工业革命先驱的纺织业，绒线是其大宗商品。中国是一个巨大的潜在市场，所以当时的外国洋行对此都很热衷。据《上海地方志》，分属英、德与日商的怡和、礼和、怡德、中和、德记、锦隆、三井诸洋行是其中生意做得最大的。再论进口绒线的牌子,蜜蜂、杜鹃、学士、双钱、鸳鸯、老鸭诸品牌是其中最为知名的。

图6-10-1 研习新女红

绒线与其他纺织品相比,最大的优点之一,就是可以拆了结,结了拆,拆了再结,不厌其烦,不亦乐乎。由于此时刚刚传入中国不久,大多数家庭主妇还不会。而此时上海则有几位心灵手巧的编结高手,她们似乎先知先觉也就自然而然成为一代宗师——

冯秋萍,上海一所小学的美术教员。"从西国女士长习编结,积十余年",颇有心得。1936 年,应聘上海"义生泰"绒线行担任编织人员,同年在上海方滨路恒安坊 22 号创设"良友编织社",后更名为"良友绒线服饰公司"。(1956 年被上海工艺美术研究室聘为工艺师,主持绒线服装设计工作,在"全国手工艺品展览会"上以 58 种新样式面世而获得很高赞誉。此乃后话。)冯氏的编织服装涉及的品种十分广泛,有马甲、旗袍、风雪大衣、围巾、童鞋和童帽等,甚至还有男式西装和沙发靠垫。

早在 20 世纪 30 年代初,冯秀萍即在行业内外声誉渐隆,并常被邀请至绒线行与广播电台讲解和传播绒线编织技术。这种做法在当时具有一定意义上的绒线促销的性质,因而比较常见。据记载,冯秀萍当时"每天下午两点到五点,在义生泰教授绒线编织法外,又于每日上午十二时半至一点三刻,在元昌广播电台播音"。上海解放后的第三天,她就应邀在上海人民广播电台继续讲授编结艺术。1936 年 12 月,出版了《秋萍毛织刺绣编织法》,将她设计的花型与款式、使用工具、材料、方法和步骤公布于众,从此一发而不可收。1948年又出版了《秋萍绒线编结法》,她在民国时期设计的不少经典之作都发表在这本书上(图 6-10-2)。这时她的《秋萍绒线刺绣编结法》已经出到了第十九

图6-10-2 《秋萍绒线刺绣编结法》

册,呢绒业同业公会会长、"恒源祥"的老板沈莱舟为其作序,用尽"执我绒线业编结界之牛耳""编结界不可多得之奇才"之类溢美之词。冯秋萍的编结技术十分全面,棒针、钩针、刺绣无所不能。同时,她的文笔也不错,饶有兴趣地将这些技术和盘托出。如将绒线刺绣的方法总结为飞形刺绣法、回针刺绣法、纽粒刺绣法等12种方法,如将绒线编织的针法总结为底针、短针、长针、交叉针、萝卜丝针等几十种针法。

黄培英,中国近代职业教育家黄炎培的堂妹。著有《培英丝毛线编结法初集》(1935年版)、《培英毛线编结法》(1946年版)等教科书(图6-10-3)。书中的具体内容与其他类似教材无异,都是讲的针法、针数、工具、材料,或者更细为"前身结法""后身结法""袖管结法"之类。有意思的是,她书里的每一款服装的题名都不是用的编结法的名称,而是用的模特的姓名。而她的模特不是名伶就是歌星,这样一来也许就吸引了不少追星族吧。比如某女装的题名就是"歌星皇后韩菁清小姐",接着照例是"用具:培英九号棒针二枚,缝针一枚。用料:双猫牌羊毛绒玫瑰色七绞,紫酱色衣绞,黄色一绞。针数:每花八针。编结法:起头144针,同第44图的花式结去,直三时高……"于是相应地,男装就是"王介民先生"、童装

图6-10-3 《培英毛线编结法》

就是"郑思蕙小妹妹"了。

研习女红一直是中国女性的兴趣所在。而在此时的上海,年轻女性也依然在飞针走线。但针已经不是传统的绣花针与缝衣针,线也不是传统的丝线与纱线。她们拿来了西洋的棒针与绒线在继续飞针走线,这不就是一种新女红么?而正因为它的"新",所以才更加需要冯秋萍、黄培英这样的导师的引导。所以当年恒源祥的老板沈莱舟便重金聘请诸位大师到"恒源祥"坐堂,你买他的绒线,她来教你怎么织。就像药店里的坐堂医生一样,只不过一个是解除病痛,一个是播撒美好。

参考文献

[1] 沈从文.中国古代服饰研究 [M].香港:商务印书馆香港分馆,1981.

[2] 周锡保.中国古代服装史 [M].上海:中国戏剧出版社,1984.

[3] 周汛,高春明.中国历代服饰 [M].上海:学林出版社,1984.

[4] 黄能馥.中国服饰史 [M].上海:上海人民出版社,2004.

[5] 黄能馥,乔巧玲.衣冠天下:中国服装图史 [M].北京:中华书局,2009.

[6] 张竞琼.从一元到二元:中国近代服装的传承经脉 [M].北京:中国纺织出版社,2009.

[7] 张竞琼,曹喆.看得见的中国服装史 [M].北京:中华书局,2012.

[8] 江冰.中国服饰文化 [M].广州:广东人民出版社,2009.

[9] 吴欣.中国消失的服饰 [M].济南:山东画报出版社,2010.

[10] 沈周.古代服饰 [M].合肥:黄山书社,2012.

[11] 赵超.衣冠五千年:中国服饰文化 [M].济南:济南出版社,2004.

[12] 徐累.霓裳羽衣 [M].北京:中国人民大学出版社,2009.

[13] 华梅,王春晓.服饰与伦理 [M].北京:中国时代经济出版社,2010.

[14] 华梅,李劲松.服饰与阶层 [M].北京:中国时代经济出版社,2010.

[15] 臧长风.服饰的故事 [M].济南:山东画报出版社,2006.

[16] 胡平.遮蔽的美丽:中国女红文化 [M].南京:南京大学出版社,2006.

[17] 汤献斌.立体与平面:中西服饰文化比较 [M].北京:中国纺织出版社,2002.

[18] 王维堤.中国服饰文化 [M].上海:上海古籍出版社,2009.

[19] 郑婕.图说中国传统服饰 [M].北京:世界图书出版公司,2008.